茶路无尽

茶之本质及六大茶类

静清和 著

九州出版社

JIUZHOUPRESS

图书在版编目（CIP）数据

茶路无尽 / 静清和著. --北京：九州出版社，
2022.12（2023.12重印）

（静清和作品）

ISBN 978-7-5225-1486-4

Ⅰ．①茶… Ⅱ．①静… Ⅲ．①茶文化－中国－通俗读
物 Ⅳ．①TS971.21-49

中国版本图书馆CIP数据核字（2022）第230287号

茶路无尽

作　　者	静清和　著
选题策划	于善伟
责任编辑	毛俊宁
封面设计	吕彦秋
出版发行	九州出版社
地　　址	北京市西城区阜外大街甲35号（100037）
发行电话	（010）68992190/3/5/6
网　　址	www.jiuzhoupress.com
印　　刷	北京捷迅佳彩印刷有限公司
开　　本	880毫米×1230毫米　32开
印　　张	11
字　　数	300千字
版　　次	2023年3月第1版
印　　次	2023年12月第2次印刷
书　　号	ISBN 978-7-5225-1486-4
定　　价	88.00元

正本清源说茶真

　　时光如梭，光阴似箭。从 2014 年的《茶味初见》出版，到今年的《饮茶小史》付梓，春去冬来，不觉十余年矣。板凳甘坐十年冷。十余年来，我几乎放弃了所有的娱乐及社交活动，不是在茶山做茶，就是在灯下写稿，只为专心把自己要写的系列茶书写完。门前的枝柯绿了又黄，黄了还绿，而我却早已两鬓斑白、双目昏花。其中甘苦，冷暖自知。

　　在近代中国的茶界上下，包括一些学者，但凡谈及茶，必然会提到神农、三皇五帝与诸多神话传说，似乎言及的历史越久远，则表征自己于茶的研究或理解越深刻，这其实是非常荒唐与可悲的。对于这些乱象，西汉刘安在《淮南子》卷十九中，早已一语道破。其中写道："世俗之人，多尊古而贱今，故为道者，必托之于神农、黄帝而后能入说。"古人尚且明白的道理，习茶的今人，却将这些经不起推敲与反问的神话、传说奉为圭臬，且以讹传讹、人云亦云，岂不更加荒谬？鉴于此，我便从 2008 年伊始，在当时的茶论坛及新浪博客，撰写了多篇持不同观点的文章，意在拨乱反正，并以节气为纲，谨遵四时之序，持续写下了应怎样按照二十四节气的变化，去顺时应序、健康喝茶的系列文章，后结集成为我的首部茶书《茶味初见》。此后，又陆续出版了《茶席窥美》《茶路无尽》《茶与茶器》《茶与健康》《饮茶小史》等专著。

著作虽然不多，其中也可能存在着诸多不足，但却凝聚着我十余年来执着于茶的心血与汗水。在日常的交往中，经常会有朋友、学生问起，这六本书应该怎样去阅读？是否存在着先后的顺序？作为作者，我认为：习茶一定先从最优质的茶喝起，依照先好后次的顺序，在建立起必要的审美与正确的口感之后，茶之优劣，豁然确斯。因此孟子说："故观于海者难为水，游于圣人之门者难为言。"而读茶书，则宜遵循先难后易、先专业后休闲的原则，以理性客观、专业系统的知识为保障，此后的所学，才不容易被碎片化、江湖化、鸡汤化的信息所带偏。假如阅读放弃了系统性、深刻性，不仅于己无益，而且还可能会堕入低级、反智的陷阱之中。倒餐甘蔗入佳境，柳暗花明又一村，不才是读书、学习的最佳感觉吗？

面对《茶味初见》《茶席窥美》《茶路无尽》《茶与茶器》《茶与健康》《饮茶小史》，可先通读《茶路无尽》，把六大茶类的本质及茶类起源的相互影响了解清楚，建立起茶的基本知识与框架之后，再读《茶与健康》，就能更本质地去认知茶，端正和培养健康的饮茶理念，始可正本清源。当洞悉了茶的本质以后，自然就会对泡茶的原理了然于心，此时去读《茶席窥美》，有意识地运用人体工学原理，在人、茶、器、物、境的茶道美学空间里，去感受茶与茶器惠及我们的身心愉悦、美学趣味，才能使我们的日常生活艺术化、审美化。

当对实用且美的茶器，有了初步的认知之后，若再去系统地阅读《茶与茶器》，就能清楚，针对不同的茶类，应该怎样去正确地辨器、择物？也会了解制茶技术与饮茶方式的进步，是如何交互影响到茶器的设计、应用及演化的。而贯穿于饮茶历史中的茶与茶器的鼎新与变化，能让我们一窥千百年来古人吃茶的风景及审美的变迁。此后，再读《饮茶小史》，就会通晓煮茶、煎茶、点茶、泡茶之间的深层关联和区别，也会理解浮生日用的果子茶、文人茶及工夫茶之间的演化规律及逻辑关系。

厚积落叶听雨声。当透彻理解了茶与茶器的底蕴，就能充分地去享受因茶而生的茶道美学，在四时的光影里，依照节气的变化，从立春到立冬，在每天的一盏茶里，去领略蕴含在二十四节气中的茶汤与茶席之美，生活便因茶而产生了超越庸常的悦人之美，以此抗拒人生所可能遭遇到的诸多无奈、无聊、无趣、无味。至此，上述六本书的内容，就可以构成一个相互解读、相互补充、相互参照、相互印证的较为完整的知识体系。在知识碎片化、阅读碎片化的当下，这套知识体系较为完整、思想较为独立、视角较为独特的全新纸质茶书的出版，便凸显出了其特殊的价值与意义。

窗前明月枕边书。尤其是珍藏一套知识体系较为完整且有一定深度的茶书，闲暇光阴里，茶烟轻飏，披读展卷，书香、茶香，口齿噙香，是尘俗里的洗心之药；世味、茶味，味外之味，是耐得住咀嚼的浮世清欢。

静清和

2022 年 11 月 18 日

序
一

　　《茶路无尽》是我继《茶味初见》《茶席窥美》之后的第三本茶学专著。在该书中,我首次开创性地提出了"茶的寒性,是由茶中所含的咖啡碱决定的"这一重要观点。众所周知,茶的寒性,是中国传统文化与传统医学的认知,而咖啡碱含量的高低,是现代生化科学研究的结果。古为今用,洋为中用。如何运用现代生化科学理论,去客观、理性、全面解读中国传统的茶与文化,是每一个习茶人所必须面对的课题,也是一个衡量对茶之本质是否真正理解的基本标准。而对咖啡碱与茶之寒性的辩证,则是一把打开传统中国茶的钥匙。其意何深远!

　　苏轼在《稼说送张琥》中说:"博观而约取,厚积而薄发。"时至今日,发人深省、堪资借鉴。适逢《茶路无尽》再版,才有机会对五年前书中的章节、图片、文献等,进行了较为满意的修改与调整,同时,结合各地确凿的史志,对中国六大茶类的次第发展及相互影响，又作了系统的增删、理顺与修订，使之更加观点鲜明、条理清晰、逻辑缜密。

一本可信、可读的茶书，一定是内容详实、知行合一、著述严谨、逻辑清晰的。让大家在阅读中，不仅能够获得客观、系统的知识，而且还可提高审美与思辨能力。吾当借再版之际，努力完善之。

静清和

2021年2月19日

序
二

　　去年的初秋，编辑于善伟先生，鼓励我把数十年的茶山之行、问茶经验和心得体会，付诸笔墨，与爱茶的朋友分享，我愉快地答应下来。因为，此前出版的《茶味初见》，是一本引导大家顺应自然，深层次地鉴别茶、健康喝茶的专业茶书。在饮茶的同时，让大家去领略蕴含在二十四节气中的茶与茶汤之美。《茶席窥美》是一本深入探讨茶席、茶器，泡茶、知味、择器、赏鉴的茶席设计与茶道美学专著，科学地指导人们如何运用人体工学，更合理、更健康、更风雅地去泡好一杯茶。

　　在写完两本专著之后，我发现茶的知识构架还不完整，还缺少一本详解六大茶类的书籍。如果能结合茶山游学，用一个理科生的思维和视角，把六大茶类的本质与茶类起源的相互影响，认真地交代清楚，那么，从《茶味初见》《茶席窥美》到《茶路无尽》，我的个人茶书三部曲，算是趋于完美了。仔细梳理出的茶的知识体系，以及对茶的整体的深刻认知，也算基本建立，让知识不再碎片化。

　　尽管勤奋地在学在写，也恐慌自己的才疏学浅。于是，重走茶区，遍访茶农、茶人，严谨考证茶史、茶叶制作工艺、技术传承、茶树品种等等，力求从可靠文献和证据链中，得出每一个所要表达的结论；让自己的每一个观点，得到可靠的技术支持与正确的理论支撑，尽可能地让每一张图片与文字对应，可赏可读，以图释文。这些看似不起眼的要求和细节，给本书的写作，增加了诸多难度和挑战。为此，我只能事必躬亲，多少个假日与夜晚，行色匆匆，穿行在茶区与家往返的问茶路上，以至于我们家丫头取笑我说："你问茶累积的机票和车票的厚度，早已超过了新书的页码。"这点我必须承认，笨鸟先飞，勤能补拙嘛！

　　风霜雪雨，一路问茶，一路采访，力争在当天晚上，整理完一天的笔记，趁热打铁，草就该书每一章节的文稿。恩施的那个雨夜，记得在宾馆，灯下孤影，我用随身带的茶器，泡一壶"红袖添香"，插一枝半开的素心蜡梅，写下了"恩施玉露承唐韵"一章，花香浮动，茶润诗心，茶与花，都是旅途中最温馨的慰藉与陪伴。辛勤耕耘的每一个夜晚，虽苦犹甜，至今历历在目。

路漫漫其修远兮，吾将上下而求索。茶山迤逦，茶路孤独，但我深知，"纸上得来终觉浅，绝知此事要躬行"。要真正做到知行合一，就必须风雨兼程，付出辛苦。最能激励我的，是小时候父亲对我的谆谆告诫："书到用时方恨少，事非经过不知难。"书能医我愚，苦可砺我心，梅花之清香，不也是来自于苦寒吗？

茶路漫漫，漫漫茶路。学无止境，我在路上，心永在茶路之上。

静清和

2016 年 2 月 28 日

写于静清和茶斋

黑茶篇

花茶篇

总　论

茶之所以能够啜苦咽甘，
从本质上讲，
就是因为茶里蕴含着
一种特有的物质，
它的名字叫咖啡碱。

茶里幽物
知多少

———

　　"啜苦咽甘，茶也。"这是茶圣陆羽对茶的最早定义。茶之所以能够啜苦咽甘，从本质上讲，就是因为茶里蕴含着一种特有的物质，它的名字叫咖啡碱。它与茶中含量较高的茶多酚、糖类、氨基酸等协同作用导致的。茶汤的回甘，通常是以茶汤的苦涩滋味作为前奏的。这主要是茶多酚与蛋白质耦合的结果，微苦弥散，清甜即来，从而使滋味变得深长蕴藉。

　　茶中除了涩苦的茶多酚、苦味的生物碱，还含有水分、氨基酸、酶、糖类、芳香物质、色素、有机酸、类脂、维生素及其他微量元素，等等。

　　在茶的鲜叶中，茶多酚的干物质含量，一般在 18% ~ 36%。茶多酚不是一种物质，它是茶叶内多种酚类物质的简称。茶多酚主要由以下四类物质组成：儿茶素、黄酮类、花色素和酚酸类。茶多酚含量的多少，与茶树品种、季节、芽叶老嫩、地理纬度、海拔高度以及茶的加工方式等因素有关。通常来讲，大叶种比小

叶种的茶多酚含量高，嫩叶比老叶含量高，春季低于夏、秋季，海拔越高、发酵程度越重，茶多酚的含量则会越低。但是，茶中所含的茶多酚量，并非越多越好。茶多酚的含量越高，则茶汤就会越偏苦涩，对胃肠的刺激也会相应加重。而其保健作用，体现在不同人群可以承受的适当阈值内，否则，过犹不及。

儿茶素是组成茶多酚的主要物质，约占多酚类总量的70%～80%，它是影响茶汤苦涩滋味的重要物质，也是"茶为万病之药"的重要保健物质。对于发酵茶类，氧化的主要是苦涩味较重的酯型儿茶素，其氧化产物为茶黄素和茶红素，二者共同作用，致使茶汤的色泽亮丽，滋味醇和。茶多酚中的黄酮类，又叫花黄素，它是绿茶汤色的重要组成部分，与苦涩的花青素一样，同属于天然的水溶性色素。

茶叶中的生物碱，以嘌呤碱为主，它主要包括咖啡碱、可可碱、茶碱等。其中含量最多的是咖啡碱，约占茶叶干物质的2%～5%。其次，是含量很低的可可碱和茶碱等。故咖啡碱常常会被作为生物碱的代称。茶里的咖啡碱，与咖啡里的咖啡碱，结构并不相同，二者均会对人类的胃肠形成强烈刺激。茶的苦寒性与清热解毒的药效，主要体现在生物碱的含量上。咖啡碱在生长旺盛的嫩叶中，含量较高。一般是以新梢的第二叶含量最高，其次，是第一叶和第三叶，在老叶和梗茎中含量较低。这就是六安瓜片为什么会选择第二片嫩叶，来制作味厚绿茶的原因，也是红

茶和乌龙茶的茶青，在采摘时要求具备一定成熟度的主要原因。

另外，茶树的品种、季节、遮阴、施肥等因素，会影响到茶树的氮代谢，以及咖啡碱含量的高低。高温杀青、干燥、焙火等工序，都会降低茶中咖啡碱的含量。一般来讲，夏茶比春茶含量高，遮阴的茶园和大叶种茶树，咖啡碱的含量均会较高。

咖啡碱是茶汤苦味的主要来源，它易溶于热水，与茶汤中的茶黄素、茶红素复合，构成茶汤的鲜爽滋味，同时，也会降低自身给茶汤带来的苦味。茶被健康的成年人饮用之后，咖啡碱一般会在 4 ~ 6 个小时内，以尿酸的形式陆续排出体外。咖啡碱虽然有兴奋神经的作用，令人少睡，但是，对于健康的敏感人群，只要在睡眠前的 6 个小时内不饮茶或少饮茶，一般不会对睡眠产生太大的影响。

茶叶中的蛋白质含量虽然较高，但是，绝大部分会在加工过程中，由于热力的作用，发生凝固变性，只有 1% 左右的可溶的蛋白质进入茶汤，一鳞半爪，却是举足轻重。它对茶汤的滋味、细滑度和黏稠度，有深刻的增益作用。皎然的"采得金芽爨金鼎"，以及卢仝的"先春抽出黄金芽"，阐述的即是叶色嫩绿、叶质柔软的、蛋白质含量较高的茶青，这是制作好茶必需的基本条件。

茶氨酸，是茶树中特有的游离氨基酸，它不参与蛋白质的合成，在茶树的嫩叶及嫩茎中含量最多，尤其是嫩梗中的茶氨酸含

量，甚至比芽叶高出 1 ~ 3 倍。茶氨酸是茶汤中鲜与甜的重要调味剂，对茶叶的条索、香气和滋味的形成，影响巨大。茶叶的悦志、涤烦及华佗所讲的"久食益意思"，指的就是茶氨酸的安神作用。它与咖啡碱的兴奋作用，构成茶之阴阳与矛盾的两个方面，又可有效抑制咖啡碱的活跃程度。茶氨酸，只能在茶树的根系中合成。阳崖阴林的良好生态，使茶氨酸向儿茶素的转化受到抑制，由此产生的高氨低酚，对茶叶品质的提高，产生着重要作用。刘禹锡诗云："阳崖阴岭各殊气，未若竹下莓苔地。"理论与实践能够充分证明：有竹林萦绕、林间苔藓斑驳的茶园，所产的干茶品质最好。其原因为，湿润的地气，漫射光的存在，可促进茶氨酸的合成，这也是"茶者，南方之嘉木也"的地理依据。

茶叶中的糖类，包含单糖、寡糖、多糖及少量的其他糖类。单糖和双糖，是茶叶中可溶性糖的主要成分。可溶性糖的存在，是茶汤滋味和工艺香气的来源之一，其甜味，对茶的苦涩滋味，有掩盖和协调作用。高等级茶类茶汤的清凉感，与良好生态条件下葡萄糖的合成量密切相关。水溶性果胶素的高低，能够有效改善茶汤的厚度与粘稠度，明显提高干茶条索的紧结度和油润度。在黑茶的陈化过程中，其耐泡度和甘甜度的提高，与不溶于水的多糖、降解为可溶性的糖类密切相关。黑茶的"发金花"现象，多出现在 5～6 级毛茶的成熟叶片或老叶中。而较嫩茶叶的多糖含量低，故很难发花。

茶叶中的香气物质，约占干物质总量的 0.02%，却是"枝枝叶叶尽芬芳"的基础。成品茶中的愉悦袭人香气，一部分来源于鲜叶天成，一部分来自于加工环节。茶中的芳香物质，具有挥发性或不稳定性，故随着岁月的流逝，香气物质会逐渐挥发、氧化和分解，香气会逐渐减弱，乃至弥散殆尽。此去经年，朱颜辞镜，曾经的迷人的清香、花香或果香，最终会香消梦断，可能会仅余各茶类所共有的腐熟的木质香。不仅如此，茶中的茶氨酸、咖啡碱及茶多酚等内含物质，都会随之降解或减少。因此，茶叶作为饮品，一定具有一个最佳的、合理的黄金品饮时期，那些鼓吹无时间局限的、所谓的"越陈越香"，则是一个容易被戳穿的、过于功利化的商业假命题。佳茗品饮当其时，不能"兰蕙芬芳总负伊"。

一款好茶，不唯有紧结油润的外形，油亮清透的汤色，细幽绵长的清香、花香、果香、乳香或者沉香，更要有细腻、顺滑、醇厚的滋味。好茶的滋味，从本质上讲，一定是五味调和。宋徽

茶树的茗花与果实

宗《大观茶论》说："夫茶，以味为上，香甘重滑，为味之全。"如果我们的味觉足够灵敏，或是茶汤里的呈味物质达到一定的阈值，其中的甜、酸、苦、涩、辛、咸与鲜味等，都是可以在茶汤里一一品出的。这些丰富各异的滋味，构成了茶汤的丰富性与层次感。茶汤的苦，主要是由咖啡碱与茶多酚的含量决定的；可溶性糖和氨基酸等，是甜味的主要来源；酸，却是由茶中的有机酸和部分氨基酸决定的，它与生津密切相关。茶汤里新鲜愉悦的酸，不同于存放失误或发酵过度的酸馊气味，它往往会在生态绝佳的野放茶中，方可觅到；咸，是无机盐类的味道；涩，主要是由茶多酚决定的；辛，偶尔会在特殊的茶种中遇见，偶然相见，却是清冽绝伦。

好茶所谓的五味调和，从五行上分析，是当酸、苦、辛（涩）、咸四般滋味，达到协调平衡、纳化相依时，自然显现令人愉悦的甘味。何况，还有可溶性糖与氨基酸等所综合呈现出的鲜甜味，以及对其他滋味呈现出的明显协同、修饰与掩盖作用。茶汤的浓，意味着茶汤内可溶性物质的含量较高；茶汤刺激的强烈与否，主要是由咖啡碱、儿茶素及其氧化物的含量高低决定的。因此，一泡完美且滋味丰富的好茶，不会特别彰显、凸现出其中的某一种滋味，或苦或涩，或酸或咸。它应该内涵丰润，滋味协调，让人愉悦舒爽，否则，这泡茶，不是茶青有问题，就是制茶工艺存在着某些缺陷。

殊途同归
说茶陈

———

　　《诗经·邶风·谷风》中有："谁谓荼苦，其甘如荠。"个人以为，把"荼"译为苦菜，很是不妥。此处的"荼"，应是指茶。在我们的认知中，苦菜吃起来特苦，不会有回甘，更不会有如食春天荠菜的清甜。在植物界中，能够啜苦咽甘的，唯有茶。这是世人喜欢、欣悦茶的主要原因。茶，能够给予在困苦奋斗中的生命一个很重要的启示，就是苦尽，甘一定会如约而来，故茶的韵味，最契合人的内心期盼和需求。元代王祯的《农书》，也证实了这种解释的正确性。他说："六经中无茶字，盖荼即茶也。诗云：谁谓荼苦，其甘如荠，以其苦而味甘也。"在中国茶的发展史上，荼与茶这两个字，一直是可以相互替代、并用的。"茶"字，也并非是在唐代以降、由"荼"字简化而来的。在浙江湖州博物馆展出的东汉青瓷贮茶瓮上，刻有的清晰的隶书"茶"字，就是有力的佐证。

湖州市博物馆的东汉青瓷
贮茶瓮，在器肩上部刻有
一隶书的"茶"字

　　在我们的生活中，常常会提到品茗与喝茶这两个词，但对"茗"和"茶"，很少能有人分得清楚。品茶与喝茶，我们经常会挂在嘴边，但是"喝茗"，几乎是语意不通的。细究起来，"茶"与"茗"这两个字之间，其差别确实是挺大的。

　　关于"茗"和"茶"的区别，晋代郭璞《尔雅》记载："树小似栀子，冬生叶，可煮羹饮，今呼早取为茶，晚取为茗，或一曰荈，蜀人名之苦茶。"古时喝茶，茶叶煮作羹饮，就像我们今天煮的菜粥。按照郭璞的记载，"冬生叶"，是指冬天生长出的叶片，或冬芽春采。经霜的茶叶，或在低温下长成的叶片，滋味比较甘甜，采得也会比春茶更早，今人称之为"茶"。从我们今天的喝茶实践可知，老叶片比娇嫩的芽茶更适合煮饮，是因为其所含的咖啡碱较少，糖类较多。茶，还有一个名字叫做"荈"，

蜀人又称苦荼。春来草木萌发，茶树新发的叶芽，比冬生叶晚采，所以叫做"茗"。对于较嫩的芽叶，其咖啡碱的含量高于老叶，故蜀人称之为"苦荼"。"苦荼"为茗的解读，是较为恰当的。东汉许慎《说文》记载："茗，荼芽也。"中国较早的园艺著作《魏王花木志》也说："其老叶谓之荈，（嫩）叶谓之茗。"

我们当下的喝茶方式，对于细嫩的茶叶，基本是选择冲泡着喝。如果是粗放地煮着喝，既破坏了茶内的营养物质，茶汤又会苦涩得难以下咽。因此，只有较粗老的茶叶，还有茶梗、黄片，或陈化到位的老茶，茶多酚和咖啡碱的含量相对较低，才会选择去煮着喝。而煮出的茶汤，芳香盈室，味厚且甜。唐代以前的古人煮茶，可能顺应的是一种相对简陋的生活习惯，抑或关注的是茶的甘甜滋味或是药效。因此，那个时代采摘的茶青，应该是经霜后较为成熟的叶片。陆羽《茶经》中收录的《广雅》有记："荆巴间，采叶作饼，叶老者，饼成以米膏出之。"《广雅》的记载，也基本证实了这个推断。现代科研也证明：不同嫩度的茶叶，以粗老茶的降糖作用最好；不同季节的茶叶，又以秋茶的降糖疗效最强。

茶之为饮，发乎神农氏，闻于鲁周公。上古的神农，踏遍三山五岳，依靠自己神力无边的水晶肚子，遍尝百草。每当他的水晶肚子变色，他就知道中毒了，马上去咀嚼茶的鲜叶，吞服解毒。这就是路人皆知的"神农氏尝百草，日遇七十二毒，得荼而解"。

相传有一天，他试吃了开着黄色小花的断肠草，瞬间肠断身亡。我们无法去考证，神农是在中毒之后找不到茶树，还是他夸大了茶的药效，在关键时刻，反而害了卿卿性命，其代价无疑是巨大的。这个故事告诉我们，对于任何事物，包括茶的药效，不能随意夸大，需要建立清醒的认知与判断。

茶的利用，从古时生嚼鲜叶，到秦汉煮作羹饮，茶一直处于粗放朴素的食用、调味和药用时代。"自从陆羽生人间，人间相学事春茶。"唐代以降，随着蒸青制茶法的发明，茶青的采摘，才开始专注于较嫩的芽茶，其饮茶方式，相对明确地进入了茗饮时代。

我查阅了大量的中医文献，对茶的药理功效论述较为客观、确切的，要数李时珍的《本草纲目》。其中记载："茶苦而寒，阴中之阴，沉也，降也，最能降火。火为百病，火降则上清矣。然火有五，火有虚实。若少壮胃健之人，心肺脾胃之火多盛，故与茶相宜。温饮，则火因寒气而下降。热饮，则茶借火气而升散。又兼解酒食之毒，使人神思爽，不昏不睡，此茶之功也。若虚寒及血弱之人，饮之既久，则脾胃恶寒，元气暗损，土不制水，精血潜虚；成痰饮，成痞胀，成痿痹，成黄瘦，成呕逆，成洞泻，成腹痛，成疝瘕，种种内伤，此茶之害也。民生日用，蹈其弊者，往往皆是，而妇妪受害更多，习俗移人，自不觉尔。况真茶既少，杂茶更多，其为患也，又可胜言哉？人有嗜茶成癖者，时时咀嚼不止，久而伤营伤精，血不华色，黄瘁瘘弱，抱病不悔，尤可叹惋。"

李时珍非常清醒、理性地提出了，饮茶要与体质相宜的观念，否则会元气暗损，戕害身体。茶要温饮或热饮，方可有助药效。茶的苦寒之性，主要是由茶树中的次生代谢物质咖啡碱决定的。只要茶叶中含有一定量的咖啡碱，茶的寒性，就不会因加工而发生本质性的改变。从来就不可能存在热性的茶。

我们有时，会遇到喝茶上火的假象，那是因为绿茶、乌龙茶或红茶等，在加工过程中残留的火气，还没有完全退掉所致。所以古人饮茶，有"火气未除莫接唇"的告诫。李时珍客观论述了

茶的苦寒之性，及其为患种种。饮茶不慎，不能科学地根据自己的体质，滥饮、过饮不适合自己的茶，最终会如茶圣陆羽所讲："采不时，造不精，杂以卉莽，饮之成疾。"纵观当下，为茶所累的人，不可胜数，可悲的是，又不能自知。苏轼曾说："除烦去腻，世故不可无茶，然暗中损人不少。"李时珍晚年，也在《本草纲目》里回忆说："时珍早年气盛，每饮新茗必至数碗，清汗发而肌骨清，颇觉痛快。中年胃气稍损，饮之即觉为害，不痞闷呕恶，即腹冷洞泄。故备述诸说，已警同好焉。"故《茶疏》也讲："茶宜常饮，不宜多饮。"古人所强调的健康饮茶理念，需要引起我们的重视和深思。

茶的苦寒之性，随着茶多酚的氧化、茶的杀青、焙火、干燥、茶的陈化等，会有所减轻或降低。因此，从绿茶、白茶、黄茶、青茶、红茶到陈化的老茶，随着发酵程度的提高和深刻氧化，茶对胃肠的刺激皆会有所减轻。随着茶中可溶性糖的增加，茶的苦涩滋味可能会表现得不太明显，茶的寒性也会趋于弱化。即使是历经岁月剥蚀、陈化到位后的老茶，虽然只余一些木质香或些许糖类，但是，老茶的清凉特征，依然会明显存在，本性难移。从严格意义上讲，其茶性也不会蜕变为温性。就像冬天里的暖阳，虽然感觉着温暖，暖如三春，但它本质上还不是春天，仍属于阴中之阳。习惯上，我们认为红茶、发酵茶及一些老茶等的"性温"，只是在表达这类茶的"温而不寒"，是在表达它们不会对人体产生明显的刺激而已。在传统上和中医的语境里，温即是不热，凉即是不寒。

无论是六大茶类中的哪一种茶，陈化到最后，皆会殊途同归，劫灰飞尽古今平。当茶的品种香、地域香或是工艺香等，随着岁月的砥砺，完全泯灭或消失掉以后，任何茶类，都会呈现出相同的木质陈化腐熟的味道，略有差别的可能是，中大叶种茶青的内含物质丰富，耐得住时间的陈化，茶多酚及其氧化物、咖啡碱、糖类等，可能会多存留一点而已。这也是习惯中，常常选择中、大叶种作为优质黑茶原料的重要原因。

对于老茶的药理作用，我始终认为，商家有刻意夸大的嫌疑。茶的保健与药理作用，主要体现在茶多酚、咖啡碱以及氨基酸的含量上。中医典籍记载的茶能"疗百病皆瘥"，在那个时代，指的是没有经过氧化的绿茶类，这是没有任何争议的事实。没有任何证据表明，茶多酚含量较低的陈茶或老茶，会比新茶具备更好的药效和保健作用。

我们喜欢老茶的香气低沉内敛，气息温和清凉，茶汤入口顺滑，软糯醇和，不苦不涩，体感通泰，以及入腹的温暖感，等等，但上述这些特征，不见得就是茶气充足的体现，也没有证据表明，老茶的茶气一定会强于新茶。在传统医学的常识中，只要谈及气，一定会涉及气与血的关系，气为血帅，气行则血行，气血构成阴阳的两个方面。我们认为老茶温和、体感明显，首先是因为老茶

经过陈化、降解后，其寒性和刺激性有所降低了。其次，是茶中可溶于水的糖类等小分子物质相对较多，待饮入体内之后，茶汤的渗透压较高，容易快速通过扩散作用，渗入到体液系统，随之把茶汤中的热量，迅速地带入循环系统所致。这个简单的道理，与喝热姜汤、小米粥时产生的温暖体感，并无二异。

如果仍然机械、固执地认为，体感的存在就是老茶所致，那么，可以把茶汤冷却之后再饮用，其感觉与结果，自然就会一清二楚。至于喝茶产生的打嗝现象，与茶气更是毫不相干。喝茶打嗝产生的常见原因，即是在啜茶的过程中，不可避免地会把空气也一并吞咽至胃中。当胃内的气体，积蓄到一定的程度时，便很容易刺激到膈肌，人体自然就会打嗝。茶汤过热、过冷、过浓的刺激，都会引起膈肌痉挛而产生打嗝现象。另外，茶叶具有很强的通气利水、消食去腻的功效，喝茶后打嗝、放屁、肠胃蠕动增加，都是正常的生理现象。胃主肃降，以降为顺，嗝逆本是脾胃病态，如果经常打嗝严重，说明自身的胃肠功能不佳，需要及时去看医生。如果这些也被市场刻意解读为是"茶气"，那不过是消化道的浊气而已。

茶的归经与五行之间的关系，在中医理论中，出现得比较晚。《雷公炮制药性解》认为："茶入心、肝、脾、肺、肾经"，能够调节五脏的生理活动。于是，故弄玄虚的江湖人士，便把六大茶类或茶的外观颜色，与五行之间胡乱联系起来，这是极端错误和肤浅的。例如：许多人乱讲，白茶色白，按五行应该入肺经。岂不知白茶只是毫白，其芽叶都是暗绿、灰绿或灰褐的。而所谓的白茶类，只是工艺上的大概分类，只是加工方式的不同而已，茶类之间并没有多少本质的不同与变化。白茶的茶汤，也不是白色的，多呈杏黄、橙黄色等。另外，还有比白茶类更白的安吉白茶、白鸡冠等，却分别属于绿茶和乌龙茶类。因此，不能刻意地把中医认为的哲学上的"白"，与五脏、五行随意挂钩。

如果借助金、木、水、火、土的五行生克，来分析茶的属性和转化关系，会有助于深化对茶的理解。如果把"茶"字拆开，

武夷山白鸡冠名丛的春梢

即是人在草木中。新茶属木，在春天具有生发性，木性寒。脾胃属土，土性温。不发酵或发酵轻的茶，像绿茶、白茶、轻发酵的乌龙茶或生普等，茶性苦寒。由于木能克土，因此，这类不发酵或发酵轻的茶，如果饮用过多、过浓，必然会伤及胃肠。发酵重或焙火适度的茶，像武夷岩茶、红茶或熟普等，茶性醇和，游离的咖啡碱存量相对较低，对胃肠的刺激自然较轻。茶的寒性与刺激性的同时存在，决定了茶不可能具备养胃的疗效，无法避免对胃肠存在着的或轻或重的刺激与影响，这就是不宜喝浓茶的根本所在。茶的杀菌、解毒作用，可能会对某些消化系统炎症，起到一定的辅助治疗作用，但这与养胃，是两个根本不同的概念。

一切色相，皆归尘土，何况是茶？有了年份的老茶，一般都经历过渥堆、发酵、焙火等环节，又历经了岁月的自然陈化，木性腐熟而具有了土性，土性味甘性温，从而具备了不寒而润、清凉宜人的保健功效。

等级较高的春茶，茶中的内含物质丰富且五味调和，茶氨酸的含量相对较高，入口回甘快、生津足、回味深。甘者补而苦则泻。茶的寒凉之性，即是其具备清热解毒作用的药理基础之一。可见，好茶是功兼补泻的良药，故诗仙李白赞扬茶"能还童振枯、扶人寿也"。而品质较差的茶，内质不协调，存在着偏性，滋味苦涩，降泻作用明显，故身体虚弱的老人、儿童和胃肠不佳者慎饮。故自古有"细茶宜人，粗茶损人"的告诫。

绿茶篇

唐宋时期茶的制作，
在以蒸青团茶为主导的同时，
蒸青散茶和炒青散茶等，
也一并存在着。
经过唐、宋、元代的进一步发展，
炒青绿茶逐渐增多。

绿茶汤清
因芽贵

———

　　绿茶可品可赏，无论茶青的外观色泽，是呈现绿叶、白叶、紫叶或黄叶，还是呈现白毫、黄芽等，只要在其加工过程中，未经氧化，存在着杀青、揉捻、干燥等工序，这类茶，就是绿茶。绿茶具备干茶绿、汤色绿、叶底绿的"三绿"特征，赏心悦目，香清味鲜。

　　绿茶究竟起源于何时，还不好定论。三国时，张揖的《广雅》记载："荆巴间采叶作饼，叶老者，饼成以米膏出之。""荆巴"，是指现在的湖北与川渝地区，这是关于茶叶加工的最早记载。此时，用米膏黏结的饼茶，大概属于比较粗老的晒青茶，可能更接近白茶的雏形，至于是否存在着蒸青工艺，仅从有限的文献记载中，还不能够得出结论。总之，因粗老茶的果胶含量低，缺少黏性，故在压饼时，"以米膏出之"。

　　唐代初期，伟大的医学家孙思邈的弟子，孟诜在《食疗本草》中写道："茗叶，利大肠，去热解痰。煮取汁，用煮粥良。又，茶主下气，除好睡，消宿食，当日成者良。蒸、捣经宿，用陈故者，即动风发气。"

其中的"蒸、捣经宿"，很意外地告诉我们，在唐代初期，已经诞生了绿茶的蒸青工艺，这也就进一步证实了，至少在唐代初期，绿茶已经千真万确存在了。那么，在唐代以前呢？绿茶可能存在，也可能不存在。这样的推断，是符合我们的历史观与认知逻辑的。

由于早期的茶青，采摘粗老，抑或没有杀青工艺，抑或杀青不透，造成饼茶的青气味浓。为消除茶的青气涩味，在唐代逐步完善了茶叶的蒸青工艺，其后的蒸青茶饼，逐渐取代了制作相对原始的晒青茶饼。陆羽在《茶经》中，对于饼茶的制作，有着详

细记载："晴，采之。蒸之，捣之，拍之，焙之，穿之，封之，茶之干矣。"蒸青后压制的茶饼，穿孔是为了贯串烘焙的方便。通过烘焙干燥，去掉青气，增加香气，便于保存。为了进一步消除茶饼的苦涩，到了宋代，在鲜叶蒸青之后，又增加了一道压榨茶汁的工序。压榨工序的增加，与贡茶南移建州的茶种变化有关。北宋赵汝砺的《北苑别录》记载："茶既熟，谓之茶黄。须淋数过（欲其冷也），方上小榨以去其水。又入大榨出其膏（水芽则以马榨压之，以其芽嫩故也）。先是包以布帛，束以竹皮，然后入大榨压之，至中夜，取出，揉匀，复如前入榨。"

饼茶，又叫团茶、片茶。相对于饼茶，蒸青散茶的香气，得到了更好的保留。然而，蒸青工艺的缺陷是，茶的香气不能淋漓尽致地表达出来，体现的香气也不够浓郁，于是，利用干热，发挥茶叶特殊香气的炒青技术，在唐代中后期开始萌芽。刘禹锡的《西山兰若试茶歌》诗云："山僧后檐茶数丛，春来映竹抽新茸。宛然为客振衣起，自傍芳丛摘鹰嘴。斯须炒成满室香，便酌沏下金沙水。骤雨松风入鼎来，白云满盏花徘徊。悠扬喷鼻宿醒散，清峭彻骨烦襟开。"在诗中，刘禹锡很准确地写道：他闻到的干茶，满室飘香；他品到的新茶，香似木兰沾露。这充分说明，炒青绿茶的香气，是远高于蒸青绿茶的。其诗又有："新芽连拳半未舒，自摘至煎俄顷余。"这说明诗人是非常认同新诞生的炒青工艺的，相对于之前的蒸青工艺，香气高扬，滋味浓厚，省时省力。这大概是关于炒青绿茶的最早的文字记载。

从上文可以看出，唐宋时期茶的制作，在以蒸青团茶为主导的同时，蒸青散茶和炒青散茶等，也一并存在着。经过唐、宋、元代的进一步发展，炒青绿茶逐渐增多。到了明代，尤其是朱元璋下诏"罢造龙团，惟采茶芽以进"的助推，茶叶的制法，迎来了前所未有的大解放，炒青和烘青技法，开始百花齐放，百家争鸣，并且日趋完善。在明末张源的《茶录》、许次纾的《茶疏》，及罗廪的《茶解》中，对此均有详细的记载。其制法大体为：高温杀青、揉捻、复炒、烘焙、干燥，等等，其工艺与现代炒青绿茶，已经非常近似。尽管如此，由于传统饮茶习惯的影响及饼茶所具有的运输便利性，在明代以降的很多茶区，团茶、片茶和方茶等紧压绿茶，仍然不同程度地存在着。

绿茶以芽为贵，源于历史悠久的贡茶特权制度。自古肉食者鄙，当皇室贵族，以炫耀和显贵的心态，爱上茶的时候，他们对名山、名地、单芽茶的追逐和珍爱，达到了无以复加的奢靡程度，其残余影响，代代相袭。上好之，下必有甚焉者。为了逢迎、讨好皇帝与王公贵族，经办人对原料的选择和制作，无不盛造其极。于是，茶越采越嫩，越采越早，越做越绿。其后果是，官府逼贡，民不聊生。民生之多艰，无奈之悲催，在历代茶诗中比比皆是。"终朝不盈掬，手足皆鳞皴。悲嗟遍空山，草木为不春。"亦有，"六安山中雪一尺，黄金如土茶如珠。进茶例限四月一，三月寒

犹刺人骨。"等等。

当皇室贵族们，以土豪的心态，夸耀赞美茶芽的粟粒、莲心、雀舌、鹰爪、明前、社前的时候，民间也不乏清醒的爱茶、懂茶人，他们大声呼吁，好茶不可采得过嫩，也不可采得太早。明代屠隆在《茶笺》里，颇有识见地指出："采茶不必太细，细则芽初萌而味欠足；不必太青，青则茶已老而味欠嫩；须在谷雨前后，觅成梗带叶，微绿色而团且厚者为上。"

明末清初，最为文人士子推崇的岕茶，就不是以嫩为佳。所采"梗粗叶厚"，但其萧箬之气，芝芬浮荡，有金石性，色白隽永，为"吴中所贵"。其开采时间，"非夏前不摘，初试摘者，谓之开园。采自正夏，谓之春茶。其地稍寒，故须待时，此又不当以太迟病之"。近代以味厚鲜爽著称的六安瓜片，其采摘也是只求壮，不求嫩。

随着对茶的研习弥深，我们便会发现，茶青的单芽，尚在初萌阶段，还没达到茶叶发育的成熟期。茶芽过嫩、味道不足的根本原因在于：单芽茶的茶多酚含量，低于新梢的一芽一叶；决定着茶叶滋味鲜爽的氨基酸，在嫩梗中的含量高于芽叶近三倍之多；反映着茶汤浓醇、爽锐、厚重滋味的咖啡碱含量，一般以第二叶含量为最高；另外，单芽茶青的芳香物质及茶内有效成分，还没有完全形成；等等。明白了这些细节和奥秘，我们在喝茶时，是否还会仅仅以形美的单芽论品质吗？我每年精制的私房茶，包括野生顾渚紫笋、玉玲珑、狮峰龙井、碧螺春、宝洪茶等等，对茶青的选择，基本控制在一芽一叶至一芽两叶之间。好喝且要好看，文质兼美，才是选择绿茶的智慧之举。

茶芽外观的肥瘦，并非是考量茶之品质高下的标准。《金陵琐事》中的云泉道人说："凡茶肥者甘，甘则不香。茶瘦者苦，苦则香。"读此句，常让我想起"梅花香自苦寒来"的味蕴。好茶生于烂石之上，往往其芽长于叶，瘦削挺拔，不过，环肥燕瘦，各有千秋。许次纾在《茶疏》里，提到关于龙井茶的种植观点，耐人寻味。他说："钱塘诸山，产茶甚多，南山尽佳，北山稍劣，北山勤于用粪，茶虽易壮，气韵反薄。"这的确是一个优秀的茶人，通过实践而得出的准确而又独到的见解。北宋沈括的《梦溪笔谈》，有《茶芽》一篇专论。其中写道：茶芽"如雀舌、麦颗者，极下材耳，乃北人不识，误为品题。予山居有《茶论》，《尝茶》诗云：谁把嫩香名雀舌？定知北客未曾尝。不知灵草天然异，一夜风吹一寸长。"沈括认为，对于同一个品种，唯芽长者为上品，短芽者，为发育不良、内含物质贫乏的次品，这是极有见地的鉴茶高论。当然，对于同一株茶树，芽头肥壮的，一定会比瘦小的内含物质更加丰富。

对生态绝佳的茶山而言，海拔每升高 100 米，气温会下降 0.6℃。因此，越是生态好的高山茶，其采摘时机就会越晚。如果我们仍执着于喝茶追早的错误理念，买到的茶，不是大棚茶、化肥茶或平地茶，就是早熟或是植物激素催生的茶。茶虽以清明之前为贵，但是明前、雨前茶的分类，是根据长江流域、江南茶区的气候条件来划分的。原则上，每相隔 500 公里地域的气候条件，便会相差一个节气，如云南、贵州、广西、四川等茶区，是无法套用明前这个概念的。

"嫩绿微黄碧润春，采时闻道断荤辛。"早春茶的色泽，唐代姚合在诗中已经摹写得非常准确。嫩绿微黄，是春茶的重要特征。当市场一味追求外观色绿的时候，大量的低温杀青茶，便会应运而生，主要表现为：瀹泡时的青气重、有涩味，刺激胃等。传统的杀青方式，必须使杀青叶的叶面温度，迅速达到 80℃以上，并保持 2 ~ 3 分钟，才能完全实现多酚氧化酶的热变性。高

温杀青，不仅能够使低沸点的刺激胃肠的物质挥发掉，而且更有利于较高沸点的香气物质的形成。

既然绿茶杀青时的叶面温度，会高达80℃以上，并保持一段时间，那么，那些用低温水泡茶的方式，就是值得商榷的。使用80℃以下的水温泡茶，无非是刻意降低茶多酚及咖啡碱的浸出率，掩盖夏秋茶的尖锐的苦涩滋味罢了。更有甚者，还有人宣传用冷水泡茶。茶本苦寒之物，使用低温水泡茶，会令寒上加寒，茶的香气物质也难以挥发、表达出来，对健康有百害而无一利。《本草纲目》引用陈藏器的《本草拾遗》曰："茶苦寒，久食令人瘦、去人脂，使人不睡。饮之宜热，冷则痰聚。"古人经常讲，大抵饮茶宜热宜少，空腹最忌之。沸水泡茶，包含着传统养生的智慧，用热水抵消茶的部分寒性，即是传统所讲的"去性存用"的妙处。

绿茶按照杀青和干燥方式的不同，分为炒青绿茶、烘青绿茶、蒸青绿茶和晒青绿茶。通过高温杀青使酶发生热变性，及时制止和钝化鲜叶中氧化酶的活动，使可溶性果胶增加，挥发掉低沸点的青草气物质，减少苦涩味重的酯型儿茶素，有利于绿茶醇和鲜爽的滋味形成。依靠揉捻作用，破坏茶叶间的部分细胞组织，使茶汁外溢，既便于卷曲成型，又可促进绿茶的色香味的形成。最后的干燥环节，实际上是一系列的非酶化学变化，茶叶中的糖类、蛋白质、氨基酸、果胶及多酚类物质等，受热产生的系列变化，对绿茶的香气、滋味、汤色的最终形成，起着异常重要的作用。

　　绿茶淡中有味，诗意可咀。嫩芽香且灵，吾谓草中英。有些茶，即使不品，仅听听茶名，已是不啜而醉了。例如：敬亭绿雪、顾渚紫笋、天目青顶、黄竹白毫、文君嫩绿、湄江翠片、千岛玉叶、休宁松萝、庐山云雾、舒城兰花，等等。会喝茶，是一种清福；遇到好茶，是一种缘分。最爱花开佳客至，茶瓯绿泛雨前芽。每一年的春天，我都会备足新茶，在静清和茶斋等您。

碧螺峰下
明前春

———

在绿茶中，呈花果香、且最能触动心底柔情的，则非碧螺春莫属。碧螺春具有"一嫩三鲜"的特点，即是采摘一芽一叶，芽叶嫩、色泽鲜、香鲜灵、味鲜美。清末李莼客赞美碧螺春，有诗云："龙井洁，武夷润，岕山鲜。瓷瓯银碗同涤，三美一齐兼。"戴震在《茶说》中写道："茶以碧螺春为上，不易得。"当然，上佳的碧螺春，确实难得。戴震所表述的，是和其他绿茶的比较而言。碧螺春的色、香、味，不减龙井，而鲜嫩过之。

一提到碧螺春，我们常会想起东山碧螺春。其实，碧螺春起源于苏州太湖的西山，又称西洞庭山。东洞庭山，简称东山。东山三面环水，北面倚山而与陆地相通。西山，四面环水，是中国内陆湖的第一大岛。1994 年，在太湖大桥没有建成之前，西山产的碧螺春，要坐轮渡，出太湖，运到东山售卖，这就是西山碧螺春不为市场所知的重要原因。个人以为，西山的湖光山色、生态环境更美，茶品更幽。烟雨浩渺的太湖，矗立着七十二峰，其中

西山桃花树下的小青茶

四十一峰在西山。

追溯碧螺春的历史，宋代时，已为"吴人所贵"，列为贡茶。北宋朱长文的《吴郡图经续记》写道："洞庭山出美茶，旧为入贡。《茶经》云，长洲县生洞庭山者，与金州、蕲州、梁州味同。近年山僧尤善制茗，谓之水月茶，以院为名也，颇为吴人所贵。"明代陈继儒在《太平清话》的记载，也证实了这一点。他说："洞庭山小青坞出茶，唐宋入贡，下有水月寺，即贡茶院也。"从以上文献可知，碧螺春的前身叫水月茶。不过，当时贵为贡茶的水月茶，还是蒸青团茶。有诗为证："鸥研水月先春焙，鼎煮云林无碍泉。"清末诗人，李慈铭的《水调歌头·碧螺春》中也有："谁摘碧天色，点入小龙团，太湖万顷云水，渲染几经年。"

明代，朱元璋的废团改散，为碧螺春的诞生，创造了技术条件。明代名臣、大文学家王鏊，是苏州洞庭东山人。正德年间，他在《姑苏志》里写道："茶出吴县西山，谷雨前，采焙极细者贩于市，争先腾价，以雨前为贵也。"这说明，在明代已有炒青的水月茶出现，干茶揉捻得比较细紧。

清代著名诗人、康熙举人厉鹗的《秋玉游洞庭回以橘茶见饷》诗云："饷我洞庭茶，鹰爪颗颗先春芽。虎丘近无种，剔目名可嘉。功能沏视比龙树，金鎞不怕轻翳遮。瀹以龚春壶子色最白，啜以吴十九盏浮云花。翩翩风腋乘兴到，左神幽墟列仙之所家。"依照诗中所言，到了康熙年间，碧螺春之名还没有出现。西山产的茶，尚称"剔目"，却已嘉名远播。从"剔目"茶的字义来看，西山的茶形，近于细长如目，甚或似弯弯的眉毛，但还不是螺状。"剔目"的茶毫雪白、盏浮云花，通过揉捻搓毫，其色泽，可能比较接近现在的碧螺春了。

清代康熙年间，王维德编辑的《林屋民风》（1713）称："茶出洞庭包山者，名剔目，俗称细茶。出东山者品最上，名片茶。制精者，价倍于松萝。"西山，即是古代包山。王维德的记载，也证实了包山"剔目"即是紧细茶，这一点，与明代王鏊的记载可以相互印证。王维德还说，东山品质最好的茶，是片茶。片茶，即是蒸青团茶。文中所说的"出东山者品最上"，并非是与西山的细茶来作比较。因为当时的蒸青团茶，与炒青茶的香气和滋味，是无法可比的。

清代方武济的《龙沙纪略》（1720年前后）记载："茶自江苏之洞庭山来，枝叶粗杂，函重两许，值钱七八文，八百函为一箱，蒙古专用，和乳交易，分列并行。"方武济的记述，证实了在康熙年间东山片茶尚存的真实性。当时的东山片茶，有的质地较粗，还属于蒙古专用的边销茶。

清代雍正年间，陆廷灿的《续茶经》引《随见录》记载："洞庭山有茶，微似岕茶细，味甚甘香，俗呼吓煞人，产碧螺峰者尤佳，名碧螺春。"经陆廷灿转述的这个资料非常珍贵，其中，首先记载了碧螺春产于碧螺峰，味甚甘香，俗名叫"吓煞人"。"微似岕茶细"，尤其是《随见录》对碧螺春外形的这个描述，更为重要。那么，岕茶究竟是什么样子呢？岕茶最重要的特征就是色白。据考证，当时的岕茶制作，是"甑中蒸熟，然后烘焙"，那时的岕茶据记载有两种：一种是蒸青工艺的扁形茶，又称岕片；一种是炒焙工艺的细炒岕。明末清初冒襄认为，细炒岕不如蒸青岕茶韵致清远。冒襄在《岕茶汇抄》描述岕茶："以汤色尚白者，真洞山也。""泉清瓶洁，叶少水洗，旋烹旋啜，其色自白。""贮壶良久，其色如玉，犹嫩绿。"周高起的《洞山岕茶系》记载岕茶，叶脉淡白而厚，汤色柔白如玉露，香幽色白味冷隽。

雍正年间，陆廷灿明确转述了碧螺春的茶名，是依据其原产地碧螺峰而命名的。在碧螺春的名字确立时，其外形，还不具备"蜷曲似螺"的特征。碧螺春外观的白毫密布，是早春茶细嫩的特征，又颇似岕茶的色白。此时呈现出的条索状，却又形似岕茶外观的紧细。碧螺春此时所具备的这些特征，也基本与康熙年间的其他文献记载相吻合。

关于康熙赐名碧螺春之说，最早仅见于乾隆年间、王应奎的《柳南续笔》，它属于一家之言，后世商家引用最多。如果仔细推敲一下这个出处，便会发现，康熙年间虽有碧螺春之名，但其外观，还是呈"条索状、色白"的茶，还迥异于现在的卷曲螺状外形。历史本源如是。那么，康熙皇帝怎么会说"茶色碧绿、形曲如螺，采于早春"，便赐名碧螺春呢？这不符合历史的真相。另外，真正的碧螺春，其色泽并不是碧绿的呀！而是白毫密布，银中隐翠，条索微黄，如铜丝条。

东山的灵源寺后，确有碧螺峰一座。"碧螺峰下灵源寺，草木无多屋半荒。"元代叶颙的《灵源寺赠友人》诗，能够证实这一点。王应奎的《柳南续笔》也记载："洞庭东山碧螺峰的石壁，产野茶数株，土人称曰吓煞人香。"但这一切，尚不足以证明碧螺春的制作技术起源于东山。

乾隆年间，吴江人沈彤《游包山记》记载："碧螺峰，自林屋山东北，水行数里，见有峰拔层峦之中，色苍翠而旋上者，碧螺峰也。"清代学者沈彤描写的"色苍翠而旋上"，能够说明西山的碧螺峰，是以山形似螺状而得名的。它位于洞庭西山的南徐里后山，在山前，有碧螺古庵的遗址和徐氏宗祠。明嘉靖七年（1528）的《故东篱徐公墓志铭》记载："徐氏来包山，居碧螺峰下。"而徐氏后代中的徐缙，恰是时任右侍郎王鏊的长女婿。洞庭西山碧螺峰，也恰是在徐缙中进士后改名徐宅山的。王鏊留下的《咏碧螺峰》一诗，至此很难证明，到底写的是东山的碧螺峰，还是西山的碧螺峰？

碧螺春茶的命名，最早是何时出现的呢？明末清初，著名诗人吴梅村的《如梦令·镇日莺愁燕》词有："睡起爇沉香，小饮碧螺春盌。"春日风软，诗人睡起焚沉，闲品碧螺春茶，但其中也寄托了化不开的春愁和落寞。由此可以推断，大概是吴梅村最早创造了"碧螺春"一词，但是，此时乃至吴梅村在康熙十年去世之后的很长一段时间内，碧螺春仍旧袭以传统的"西山剔目"一名。可见，碧螺春一词的出现，是早于雍正年间陆廷灿引用的《随见录》的，而《随见录》又早于王应奎的《柳南续笔》（成书于乾隆二十二年）。乾隆十二年的《苏州府志》，只记载了"茶出吴县西山，以谷雨前为贵。近时佳者，名曰碧螺春，贵人争购之"，却只字未提康熙与碧螺春的关系。可见，王应奎的康熙命名碧螺春一说，有捕风捉影、穿凿附会之嫌。

碧螺春的外形，由紧细的条索状改为螺曲状，大约是在乾隆前后。因为陆廷灿的《续茶经》成书于雍正十二年。碧螺春外形的蜷曲似螺，最有可能发端于水月寺里的僧人。因为水月寺的"僧人尤善制茗"，且虔诚向佛，又有充足的时间，因此，在制茶的过程中，当僧人关注到佛陀的螺状头发，受到启示以后，便不惜工本，把茶用心地去揉捻、搓团、提毫、干燥等，从此，碧螺春便一改旧颜、蜷曲似螺了。从这个角度讲，碧螺春才是真正意义上的佛茶。

碧螺春的外形特点，决定了碧螺春的炒制，必须是全程手工完成。其茶青的采摘标准为，清明到谷雨的一芽一叶嫩采至一芽两叶初展。碧螺春的制作，属于高温杀青，主要工艺包括：摊凉、挑拣、杀青、揉捻成形、搓团提毫、文火干燥等工序。在炒茶过

西山碧螺春的外观

程中，要做到手、茶不离锅，揉中带炒，炒中带揉，连续操作，起锅即成，全过程需要 40 ~ 45 分钟。如果包括清理卫生、洗涮炒锅等辅助性准备措施，炒一锅茶的时间，平均在一个小时左右。

　　碧螺春的珍贵与不易得，主要体现在茶青的采摘与捡剔上。等级高的碧螺春嫩采一芽一叶，每年春季的黄金采摘期，不会超过 15 天。假设按照一锅茶青炒制 4 两干茶计算，一个青壮年，一天连续工作 10 个小时，每天的炒茶量，最多为 4 斤左右。采茶季节，如果风调雨顺还好，若是赶上倒春寒、多雨等恶劣天气，每个茶农家的好茶产量，可想而知。

　　一款正宗的碧螺春，外形条索纤细，蜷曲似螺，螺上银毫密布，银中隐翠，汤色黄绿，滋味鲜爽，有浓郁温柔的花果香，叶底黄嫩匀整。当地茶农形容碧螺春"满身毛、铜丝条，蜜蜂腿，银隐翠"，很是贴切。满身毛，是由其嫩度高及特殊的搓毫工艺决定的。铜丝条，是高温炒制及早春茶的特征。条索细而紧实，瀹泡时，入水即沉，不沉者为假。高温杀青，导致了条索泛黄。蜜蜂腿，是形容碧螺春的条索呈蜷曲状，这也是原生小青茶的紧细特征。

在碧螺春的冲泡中，可能会呈现茶汤"浑浊"现象。这种浑浊与信阳毛尖一样，都是属于毫混。这恰恰是早春茶茶质细嫩、白毫细密的特征。茶芽及叶背上的银白色毫毛，经热水冲击后脱落、悬浮在茶汤之中使然。碧螺春特有的花果香，主要由其毫香决定的。当然与其品种、炒制工艺也有一定的关联。

碧螺春的茶树品种，古时称为小青茶。明末秦嘉铨有诗云："一铛寒雪烹无碍，满阁香风焙小青。"当地人也叫"柳条茶"，现在统称为东、西山群体种。近年来，有些农户受利益驱动，在茶山，引种了乌牛早、迎霜、福鼎大白茶等早熟品种，但其香气、滋味和外形，与传统的洞庭群体种悬殊甚大。

"万株松覆青云坞，千树梨开白云园。"从苏舜钦的诗中，描写的宋代水月寺的茶园来看，它与今天茶植果园深处的传统，并没有多大的改变。每年的清明节前，我都会如约来到西山。做茶的季节，登高望远，山下太湖烟波渺渺，山间杂花生树，入山无处不飞翠。水月寺畔，水流花开，春山寂寂。很多年，好多次，我独自一人，问茶穿行在无碍泉边，落花簌簌，鸟鸣山幽，此情此景，常让我想起王维的诗："木末芙蓉花，山中发红萼。涧户寂无人，纷纷开且落。"好茶、美景，尽在"无端寂寂春山路"。

唐代诗僧皎然，曾以诗记述过陆羽问茶洞庭山时的情景。其诗云："何山赏春茗，何处弄春泉？"洞庭西山，可赏春茗；水月寺畔，可汲名泉。到了宋代，西山小青茶与无碍泉，并称为"水月双绝"。明末清初，水月贡茶演变成了西山剔目。到了乾隆年间，西山剔目中的"近时佳者，名曰碧螺春"。碧螺春的大名，

无碍泉畔，西山远眺

此后才开始突然在各文献中大放异彩、声誉卓著。

无碍泉为宋代名泉，泓澄莹澈，泉水甘美。苏舜钦曾有诗云："无碍泉香夸绝品，小青茶熟占魁元。"今天的无碍泉，位于缥缈峰下，水月寺东侧的小青坞中，早已是泉眼壅塞，落叶满池，其间蚊虫乱飞，睹之令人痛心。表面看来，泉池已荒废许久。多么希望社会力量及有识之士，能够尽早意识到无碍泉之于碧螺春的重大价值，尽快开发并保护好无碍泉。何日无碍泉边，如王元寿的《碧螺春歌》所写："落花风里品茶新，顾渚荆溪未足珍。一枕髻丝禅榻畔，梦魂遥落五湖滨。"希望这不只是期望与梦想。

西湖龙井
豆花香

如果说，碧螺春是吴侬软语的西施，那么，西湖龙井就是越国的范蠡了。碧螺春柔媚，像是多情女儿，西湖龙井却多了几分浑厚和浓郁，我甚至有些怀疑，"从来佳茗似佳人"，描述的就是碧螺春了。

唐代陆羽《茶经·八之出》记载："钱塘生天竺、灵隐二寺。"明代陈继儒的《试茶》诗说："龙井源头问子瞻，我亦生来半近禅。"那么，龙井的源头为什么要问子瞻苏轼呢？因为辩才法师，是真正把后世的龙井茶引入西湖批量种植的第一人。苏轼为官杭州时，与上天竺法喜寺的住持辨才亦师亦友，过往甚密，因此，凭苏轼对茶的见地和兴趣，他是最有条件去求证辩才法师，去详细考证龙井的茶种缘起的。苏轼研究认为，龙井茶种是南朝诗人谢灵运，在下天竺翻译佛经时，由于经常往返于浙江天台山与杭州下天竺的法镜寺，因此，顺便把从天台山带来的茶

雨雾中的翁家山

籽，播种在下天竺的香林洞一带的。据南宋咸淳年间《临安志》记载：种植在"下天竺香林洞者，名香林茶。上天竺白云峰者，名白云茶"。

天台宗高僧辩才，在北宋担任上天竺寺住持，时间长达十七年。后被奸臣吕惠卿团伙，排挤到下天竺寺担任主持，两年后又被召回。元丰二年（1079），年届古稀的辩才法师对僧徒说："天竺之南山，山深而木茂，泉甘而石峻，汝舍我，我将老于是。"于是，他便退居在龙井山狮子峰下的寿圣院（今天的杭州西湖老龙井），不复出人。此后，辩才与寺僧开始修葺龙井泉，建龙井亭，并把下天竺香林洞的茶籽，种植在狮峰山麓，开枝散叶。曾是坟茔荒丘的涸敝之地，因辩才居此而闻名遐迩。从这个意义上讲，辩才法师就是西湖龙井的开山鼻祖。龙井茶和碧螺春一样，还是以地理位置命名的。

宋代，还没有龙井茶之名。北宋隐居西湖、结庐孤山的林和靖，在《尝茶次寄越僧灵皎》诗中写过白云茶，其诗有："白云峰下两枪新，腻绿长鲜谷雨春。"北宋名臣赵抃，77岁时来到龙井拜访辩才，有《重游龙井》诗写道："湖山深处梵王家，半纪重来两鬓华。珍重老师迎意厚，龙泓亭上点龙茶。"此处的"龙茶"，是指宋代的龙团贡茶，而非龙井茶。北宋欧阳修在《送龙茶与许道人》中有："我有龙团古苍璧"。辩才在与赵抃的和诗《次赵清献公诗》中写道："公年自尔增仙籍，几度龙泓瀹贡茶。"皎然诗中所讲的"贡茶"，即是他与赵抃所饮的"龙茶"。

元代时，龙井茶的名字，仍很模糊。比较有代表性的是虞集的《游龙井》诗，也仅仅涉及了龙井的地名。其诗云："徘徊龙井上，云气起晴昼。澄公爱客至，取水挹幽窦。坐我檐葡中，余香不闻嗅。但见瓢中清，翠影落碧岫。烹煎黄金芽，不取谷雨后。同来二三子，三咽不忍漱。"虞集诗中的"黄金芽"，仅仅三个字，便一针见血，点出了优质早春茶、所特有的芽梢金黄的

西湖龙井群体种的新芽

典型特征。由此可见，古人观察事物的精准，把握事物本质的入木三分。

最早能够查询到的龙井，不是以地理名称而是以茶名出现的文献，是在明代万历七年（1579）的《杭州府志》，其中记载："茶，各县皆有。然以钱塘龙井及老龙井其品甚高。"关于老龙井，明人冯梦祯在《龙井复先朝赐田记》中详细介绍说："武林之龙井有二，旧龙井（老龙井）在凤凰岭之西，泉石幽奇，迥绝人境，盖辩才老人退院。所辟山顶，产茶特佳。相传盛时曾居千众，少游（秦观）、东坡先后访辩才于此。"此后，高濂在《遵生八笺》（成书于 1580 年）继续补充说："如杭之龙泓（即龙井也），茶真者，天池不能及也。山中仅有一二家炒法甚精。近有山僧焙者亦妙，但出龙井者方妙。而龙井之山，不过十数亩，外此有茶，似皆不及，附近假充，犹之可也。至于北山西溪，俱充龙井，即杭人识龙井茶味者亦少，以乱真多耳。"文中的"天池"，是指苏州与虎丘齐名的天池茶，后世绝产。"山中"，是指狮峰山的老龙井周边。明代万历甲午年（1594）初秋，屠隆与友人用龙井泉水冲泡龙井茶后，欣然写下了《龙井茶歌》，其中有："摘来片片通灵窍，啜处冷冷馨齿牙。玉川何妨尽七盌，赵州借此演三车。采取龙井茶，还念龙井水。"在杭州历史上，宋代著名的宝云茶、香林茶和白云茶，虽曾为贡茶，但首次以龙井之名作为贡茶的，还是在清代，尤其是乾隆皇帝六次南巡，四次龙井问茶，为西湖龙井讴歌作诗，把龙井茶推向了绿茶的至尊地位。

综合以上可知，西湖龙井茶的最初发源地，应该是在狮子峰的老龙井。清代程淯的《龙井访茶记》说："溯最初得名之地，实维狮子峰，距龙井三里之遥，所谓老龙井是也。"西湖在杭州东面靠城，南、北、西三面环山，当龙井茶冠以西湖之名以后，传统上真正的西湖龙井产区，就应该处在环西湖的起伏山峦之中，尽得西湖的云蒸雾润，"雾芽吸尽香龙脂"。

传统西湖龙井的开始细分，大约是在民国前后。杭州最大的绸缎庄老板高怡益，首先投资创办了狮子峰茂记茶场，他的龙井炒制私人茶场，几乎囊括了西湖龙井所有的最佳产区，包括狮峰山、龙井村、翁家山、虎跑泉、天马塘、九溪十八涧、月轮山等处。我见过的茂记"狮峰名茶"老包装上，印有"吾杭西湖名山产茶甚广，色味向推龙井，尤以龙井之狮子峰所产为上品"，云云。

"龙"字号的商标，掌握在杭州乾泰茶庄的老板手里。他的茶园范围，包括了龙井村、翁家山、杨梅岭、满觉陇、理安寺、赤山埠、白鹤峰一带，其茶叶品质，可与"狮"字号产区相媲美。"虎"字号龙井茶，产于虎跑、四眼井、白塔岭、三台山一带，品质稍逊。"云"字号龙井茶，产于云栖、云林、天竺、五云山、郎当岭西一带。

"狮""龙""虎""云"四个老字号的注册商标，是商家根据各自茶区的小气候环境与炒制特色，在1921年由民国政府的农商部给予注册的。另外，还有个"梅"字号，主要产于梅家坞一带。也有人说，它是从"云"字号分出来的。据我调查，关于"梅"字号的出现和说法，已经是新中国成立以后的事情了，这可能与周恩来总理，为振兴龙井茶，五进梅家坞有关。

现在的西湖龙井茶区，有逐年扩大的趋势。20世纪80年代以后，西湖龙井茶已经不再细分产地和字号了。凡是在杭州西湖风景区和西湖区范围内的龙井茶，都统称为西湖龙井。历史上，生产旗枪茶的龙坞、留下、转塘和周浦，现在也成了西湖龙井的

主要产区。如果再大而化之，又可分为钱塘龙井和越州龙井，不过二者统称为浙江龙井。

我最喜欢狮峰山的龙井，每年的清明前后，都会亲力亲为，做 20 余斤头采春茶分享。狮峰山是西湖龙井的发祥地，也是完整保留着传统群体茶种与炒茶技艺的核心产区。真正的狮峰龙井，海拔高、生态好、发芽晚。记得 2015 年的春天，西湖产区遭遇倒春寒，当狮峰龙井在清明节的前三天，刚刚开园首采时，市场上的狮峰龙井，已经大卖一个多月了，这就是纷乱无序的茶市场的真实写照。市场上叫卖的龙井，大多是龙井 43、迎霜或乌牛早等本地或外地的早熟品种，其色泽碧绿、芽头短促肥大，匀整漂亮，但若仔细品味，青气重，不耐泡。

真正的狮峰龙井，外形嫩叶包芽，扁平光滑，挺直似碗钉，芽毫隐藏稀见，芽头大小不太匀整，色泽嫩绿泛黄，俗称"糙米色"，并有温润的宝光。刚炒出的茶，因辉锅工艺原因，干茶有类似炒黄豆的干燥工艺火香，间或有花香、果香存在。很多人把龙井的茶香，简单地认为是炒黄豆香，这可能是对明代《钱塘县志》的误读。《钱塘县志》记载："茶出龙井者，作豆花香，色清味甘，与他山异。"文中的"龙井"是指狮子峰的老龙井，"豆花香"，才是龙井茶真正的品种香。

前年，我到杭州做茶时，在狮峰山的茶园里，无意中看到了淡紫色的蚕豆花开，当我情不自禁地去细嗅花香时，顿时豁然开朗，这种花香，就是最近似狮峰龙井的品种香。前人把龙井茶的香气，类比为蚕豆花香或豌豆花香，其感觉捕捉得何等的准确与敏锐。古人著述，内不欺己，外不欺人，口不妄言！习茶之人，应该把对自然界中花卉、果蔬香气的了解，作为一门必修的功课。

很少有人考证过，龙井的扁形始于何时？明末彭孙贻的《采茶歌》唱道："龙井新茶品价高，杯杯瓣瓣立周遭。"这只能说明，此时的龙井已是散茶，还不足以证明它是扁形茶。清乾隆时，入贡的西湖龙井，据徐珂的《清稗类钞》记载："颁赐时，人得少许，细仅如芒。"徐珂的描述比较清晰，乾隆皇帝喜欢的龙井，也不是现在的扁形片状茶，还是呈毛尖状的针形茶。

　　到晚清时，程淯的《龙井访茶记》写道："炒者坐灶旁。以手入锅，徐徐拌之。每拌以手按叶，上至锅口，转掌承之，扬掌抖之，令松，叶从五指间，纷然下锅，复按而承以上。如是辗转，无瞬息停。每锅仅炒鲜四、五两，费时三十分钟。每四两炒干茶一两。竭终夜之力，一人看火，一人拌炒，仅能制茶七、八两耳。"其中的"每拌以手按叶"，"复按而承以上"，此种技艺，就是龙井茶的扁平炒法。由此可知，到了清朝末年，扁平状的龙井茶，才逐渐见于市场。

　　有记载称，民国时的各个商家为了销售与利润，相互角逐，

待泡的西湖龙井群体种

各显其能，从此时起，才开始真正讲究龙井茶外形的扁平光直。一个时代的产品质量高低，取决于当时的竞争水平，这是符合事物的发展规律的。1824 年，徐珂在《可言》写道："各省所产之绿茶，罕有作深碧色者，惟吾杭之龙井，色深碧。茶之叶，他处皆蜷曲而圆，惟杭之龙井扁且直。"如果再深究一下，龙井茶呈扁形的技术来源，可能是受了安徽歙县、浙江淳安以及临安等地老竹大方茶的制作影响。

狮峰龙井的干茶，重而滑手，入水即沉。汤色黄绿，滋味甘鲜醇厚，茶汤细腻浑厚、有质感，清雅的甜香，弥漫咽喉，"啜处泠泠馨齿牙"，"三咽不忍漱"。它比当下流行的龙井 43，要味醇、香浓、耐泡、厚重、甘甜。其品质，更是芽叶肥壮、形似雀舌的乌牛早品种所无法比拟的。《竹懒茶衡》里，对传统龙井的汤色及其醇厚，描述得极其准确："龙井味极腴厚，色淡如金，气亦沉寂，而咀咽之久，而鲜腴潮舌。"

西湖龙井茶的传统制作工艺，基本包括摊放、杀青、回潮、辉锅等工序。与碧螺春的炒制不同，龙井的鲜叶杀青后，有一个小时左右的薄摊回潮环节，这与龙井茶青比碧螺春更加肥壮有关。据统计，如果按头春茶的一芽一叶计算，一斤西湖龙井大约在 4 万个芽头左右，而一斤碧螺春要在 7 万个芽头左右，茶青的粗壮程度由此可见。基于此，龙井茶青在阴凉处的薄摊回潮，其实是使芽、梗及叶脉里的水分，能够通过扩散作用，慢慢地重新均匀分布，方便进一步的整形炒干，减少断碎，保持芽锋，以完成最后的定型。通常是四锅青锅叶，合为一锅辉。经辉锅后的干茶，扁平光滑，浓香透出。

市场上70%左右的龙井茶，大都采用前段机器杀青，后段手工辉锅。而更低端的茶叶，则是全程机器炒制。近几年，全手工炒制的西湖龙井，愈来愈少了。我非常留恋手工茶的滋味，手工茶可能没有机器茶的颜色和外观漂亮，色泽偏幽暗，茶表略起皱，芽尖紧结挺直，但手工茶的香气，内敛细幽，外形紧结厚重，香气浓郁灵动，耐泡且回味足。假如两款茶同时瀹泡，手工茶因比重大，在水中的下沉速度，要快很多。

手工炒茶，是极其辛苦的。龙井的扁形茶，要求茶叶不能收缩，炒茶时需要特别用心，完全依靠手上的力量与锅温来自主控制。高温的青锅，是基础；温度稍低的辉锅，是关键。不练就一副铁砂掌的硬功夫，是很难炒出一锅好茶的。

寻好茶难，做出一款好茶更难。对春天的细嫩绿茶，我是极其珍惜的。每每泡完后，都会把叶底逐一收集起来，或炒鸡蛋，或包水饺吃掉。好茶不易得，春来发几枝，粒粒皆辛苦。每忆及此，常让我突然想起清代陶澍的茶诗："茶成与商人，粗者留自啜。谁知盘中芽，多有肩上血。我本山中人，言之遂凄切。"其情其境，如我常说的，喝茶风雅，做茶却是辛苦的。

竹下忘言
对紫笋

"香中别有韵，清极不知寒。"能以此论茶者，唯有顾渚紫笋可当之。

湖州是个神奇的茶都，陆羽曾在此地著述《茶经》。造就茶圣的江南清丽地，生长的茶也是瑰丽多彩的。德清有黄芽，安吉有白茶，长兴产紫笋，遍地皆绿茶。在上述茶中，顾渚山的野生紫笋茶，无疑是最夺目的。它成就了陆羽，催生了《茶经》，推动了世界上第一家茶厂——大唐贡茶院的诞生。湖州是我问茶的必宿之地，难怪世人常说："人生只合住湖州。"

顾渚紫笋，作为中国历史上延续时间最长的皇家贡茶，其清香冷韵、幽微淡远，在漫长的 876 年间，不知迷倒了多少王公贵族和文人雅士。唐代天宝年间，24 岁的陆羽，雄姿英发，穿行在顾渚山的茫茫烟霭、苍松翠竹中。功夫不负有心人，在阳崖阴岭、陡山烂石间，他认识了顾渚山的野生紫笋。一睹过紫笋的芳馨，便令陆羽兴奋不已，他在与皎然、朱放论茶时，断然承认顾渚茶

浙江长兴顾渚山

为第一。不久之后，陆羽便把两片蒸青的紫笋茶饼，寄给了当朝的宰相杨绾，并写下了情真意切的《与杨祭酒书》，并在信里说："顾渚山中紫笋茶两片，此物但恨帝未尝，实所叹息，一片上太夫人，一片充昆弟同啜。"

当朝皇帝品尝不到紫笋，是机缘未到，但陆羽引以为恨。他仍如苦行僧般，独自啸行于顾渚山的松风幽径间，不与非同道者相处。他在《陆文学自传》中回忆道："往往独行野中，诵佛经，吟古诗，杖击林木，手弄流水，夷犹徘徊，自曙达暮，至日黑兴尽，号泣而归。"但机会总是垂青于有准备的人的，恰巧，常州太守李栖筠，在一山之隔的阳羡督造贡茶，正在为完不成的贡额而愁闷不已。当一山僧，把山茗赠送给李栖筠时，他便立即赶到山中，找到脚踏藤鞋、一袭布衣的陆羽，请陆羽协助品鉴此茶。当陆羽确认，这就是顾渚山的野生紫笋茶时，便说："此茶甘芳辛辣，冠于他境，可荐于上。"从此，紫笋茶与阳羡茶同贡，"始进万两"，以后贡茶的范围，开始从阳羡，逐渐扩大至长兴顾渚山一带。曾与陆羽一样落寞的顾渚紫笋茶，便一跃成为芬芳千年的顶尖贡茶。湖州刺史张文规，用诗记下了紫笋茶到达宫廷时的盛景："牡丹花笑金钿动，传奏湖州紫笋来。"

唐代，是一个人才济济的大时代。陆羽在亲身聆听过颜真卿与怀素两位巨人的书法之论后，写过一篇散文《僧怀素传》。怀素曾写过一个手札，后人称为《苦笋帖》，其内容为："苦笋及茗异常佳。"怀素称赞的异常佳的"茗"，即是大名鼎鼎的紫笋茶。紫笋茶，不仅成就了茶圣陆羽，也成就了茶神裴汶。顾渚山的神奇与伟大，在于其西面的洞山里，还隐居着茶仙卢仝。茶圣、茶神和茶仙，不约而同，因茶而流连忘返于顾渚山，顾渚山又是何等的幸运和辉煌！无论从哪个层面上讲，顾渚山不仅是茶中第一，也无愧是中国茶文化的源头活水。

茶神裴汶，在任湖州刺史期间，深入顾渚山里修贡，一盏盏清冽的紫笋茶，触动了裴汶的哲思，他写下了著名的《茶述》。在其著作里，他首次把顾渚茶排在了蒙山茶之前。他写道："其性精清，其用涤烦，其功致和。"尤其是其中的"参百品而不混，越众饮而独高"。他把茶的清饮理论以及茶道思想，提高到了一个全新的更高层面。裴汶的思想，深刻影响了宋徽宗赵佶及其在《大观茶论》中对茶的立意。赵佶提出的"袪襟涤滞，致清导和；冲淡简洁，韵高致静"，就是对裴汶茶道思想的发展与深化。

顾渚紫笋和陆羽的缘分最厚，说不清是紫笋成就了陆羽，还是陆羽显闻了紫笋？遗世而独立的陆羽，布衣芒鞋，踏破了顾渚山的岭头云霞，他对野生茶较多的方坞岕、斫射岕、葛岭坞、悬臼岕等地，曾做过详尽调查和分析。

当初，陆羽在山中问茶的情景，我们从皇甫曾《送陆鸿渐山人采茶回》的诗中，还能还原出一些片段。其诗云："千峰待逋客，香茗复丛生。采摘知深处，烟霞羡独行。幽期山寺远，野饭石泉清。寂寂燃灯夜，相思一磬声。"烟霞中的陆羽，筑巢山中，踽踽独行，他把发现紫笋的喜悦，以及总结概括出的佳茗特征，一一记录下来，写进了不朽的《茶经》里。他在《茶经》里总结道："上者生烂石"，"野者上，园者次。阳崖阴林，紫者上，绿者次；笋者上，芽者次；叶卷上，叶舒次。"如果我们对紫笋茶足够熟悉，就会明白，陆羽是把生于烂石沃土之上的野生紫笋，作为好茶的典型，依此系统阐述了好茶应当具备的共性和特点。文中的顾渚紫笋，应该是顾渚山的"笋者紫"。也就是说，真正的野生紫笋茶，在刚刚萌芽时，它的芽头是呈笋状的，形似雨后

顾渚紫笋茶

破土而出的春笋。其紫色，不是指叶片，而是专指呈笋状的单芽。这一点，类似于安溪的红心铁观音，永春的红芽佛手等。茶笋的"紫者上"，一并诠释了上述三个优秀茶种所具有的共性。茶树只要在初萌时的芽笋，是呈淡紫色的，那它基本就是诸多茶种里的佼佼者。

　　为了明察野生紫笋的生长状态，每年的清明前后，我都会问茶顾渚山中，去桑坞岕、四坞岕等地，去仔细观察紫笋茶的萌芽和生长状态。经过长期的观察发现：紫笋茶的"紫"，是笋状的芽头上，泛出的一种淡淡的紫韵。这种微红近紫的神韵，仅见于

叶卷者上的真实写照

顾渚紫笋的"笋者紫"

杂生在竹林与灌木丛中的野生品种，及其新发出的笋状芽头上。其后生长出的叶片，是没有紫色出现的。从这点可以看出，紫笋的"笋芽紫"，是其品种特征，不是因紫外线过强或温度过高，导致茶树的花青素合成过多而呈现出的叶片紫。宋代《蔡宽夫诗话》有记："湖州紫笋茶出顾渚，在常、湖二郡之间，以其萌茁紫而似笋也。"蔡宽夫的记载，与我的考证基本一致。所谓紫笋，是指茶茁壮萌发时"笋芽"的紫。

从绿茶的制作工艺中，我们知道，如果选用花青素过高的紫色茶青来制作绿茶，则会茶汤发暗，滋味苦涩，叶底靛青，会严重降低绿茶的品质。因此，在通常的绿茶茶园管理中，若发现有变异的芽叶呈紫色的茶树品种，一般都会被茶农挖掉。如果茶青里，不慎混杂了花青素含量较高的紫色叶片，都要被严格地挑剔出来。在历代贡茶的采摘要求及各类地方名茶的采摘标准中，都有严格的"九不采"明文规定，其中就有"紫色芽头不采，空心芽不采"，等等。

另外，只有在"阳崖阴林"这样绝佳的山场环境里，在空气湿度足够的条件下，茶树才能嫩叶背卷。在竹篁萧森，霉苔蚀地，如此幽湿的氛围里，茶树的根部，才能合成大量的鲜香物质氨基酸，保持着芽梢的柔嫩度。也只有在"纵使晴明无雨色，入云深处亦沾衣"的顾渚山中，孕育萌生的茶，才会"令人六腑皆芬芳"。湖州刺史张文规，总结过顾渚山宜茶的山场条件，他说："大涧中流，乱石飞滚，茶生其间，尤为绝品。"此言不虚呀！

诗僧皎然，在中国茶史上，是第一个以诗记述紫笋茶的。他写道："紫笋青芽谁得识，日暮采之长太息。"紫笋茶启迪影响了陆羽，丰富了《茶经》的著述。陆羽一生穷愁困厄，之所以能在良好的环境里，闭门著书，颜真卿与皎然的无私帮助，自然是功不可没的。颜真卿在湖州的青塘门外，苕溪之畔，为陆羽修建了僻静的住所，为他创造了名僧高士、谈言永日的隐居条件。皎然安顿陆羽住在杼山的妙喜寺，亦师亦友，无私地培养、帮助着陆羽，为陆羽32岁之前著完《茶经》，可谓倾力相助、呕心沥血。甚至可以说，没有皎然，就不会有陆羽《茶经》的问世。

陆羽的茶道思想，及茶道美学的形成，无不深刻地受到了皎

上者生烂石，竹林霉苔地

然的影响。诗僧皎然，比陆羽年长 29 岁，是他最早提出了"茶道"一词。他在顾渚山，拥有自己的茶园，其茶学造诣和对紫笋茶的熟悉程度，一点也不会逊于陆羽。一代宗师皎然爱茶，推崇饮茶，泽被后世，影响深远。曾有诗云："我有云泉邻渚山，山中茶事颇相关。"

青翠芳馨，嗅之醉人，啜之赏心的紫笋茶，经陆羽推荐，名震天下。顾渚紫笋，贵为贡茶后，开始与阳羡茶"分山析造，首有客额"，单独向皇帝作贡，并在顾渚山的东南麓，建立了规模宏大的大唐贡茶院，开掘金沙泉的泉水，蒸青加工紫笋贡茶饼。此后的顾渚山人，"棚上汲红泉，焙前蒸紫蕨。""相向掩柴扉，清香满山月。"

据史载，为了高标准地做好紫笋贡茶，仅在唐代，被逼进入顾渚山修贡的刺史，竟然高达 40 余位，其规格之高，是中国茶史上从未有过的。紫笋茶，在给顾渚山带来极高声誉的同时，由于贡茶的逼催，也害苦了生于斯、长于斯的顾渚山人。清幽的顾渚山，迤逦曲折，溪游林深，植被茂密，气候偏冷，清明之前的茶树，发芽率偏低。但是，如果在清明节前，完不成贡茶的采摘任务，对茶农而言，其命运几乎是灾难性的。

同样是湖州刺史的袁高，亲眼目睹过茶农的灾难苦役之后，给皇帝呈献了一首《茶山诗》，他忧愤地写道："一夫且当役，尽室皆同臻。扪葛上欹壁，蓬头入荒榛。终朝不盈掬，手足皆鳞

皲。悲嗟遍空山，草木为不春。阴岭芽未吐，使者牒已频。"袁高的《茶山诗》，影响了后来官员催贡的态度，皇帝也恩准了紫笋茶可以延缓三五日到京的期限。但"凌烟触露不停探，官家赤印连帖催"的境况，并没有太大的改观，茶农的命运，依然是茶灾深重。

到了宋代，地球遭遇了第二个寒冷期，本来就发芽晚的紫笋茶，实在无法于清明前交出新茶。后来随着皇朝政权的更迭，政治、经济中心逐渐向河南与浙江的转移，贡茶的制作中心，也开始逐渐转向更加温暖的武夷山区，岩骨花香的建茶，开始粉墨登场。当贡茶的重心，转移到建瓯的凤山之后，紫笋茶仍有少量上贡，惹得苏轼"未去先遇馋涎垂"，"千金买断顾渚春"。好茶的诗人陆游，也是"不减红囊顾渚春"。

高氨低酚
安吉白

安吉白茶，是烘青的白叶茶，以其茎脉绿、叶玉白故名。它属于绿茶中的新贵。安吉白茶，与萎凋、干燥而成的传统白茶类，几乎没有任何的关联。

最早记载白叶茶的典籍，是北宋的《东溪试茶录》，其中写道："茶之名有七：一曰白叶茶，民间大重，出于近岁，园焙时有之。地不以山川远近，发不以社之先后，芽叶如纸，民间以为茶瑞，取其第一者为斗茶，而气味殊薄，非食茶之比。"之后，宋徽宗的《大观茶论》，更进一步写道："白茶，自为一种，与常茶不同，其条敷阐，其叶莹薄。崖林之间，偶然生出，虽非人力所可致。有者不过四五家，生者不过一二株，所造止于二三銙而已。芽英不多，尤难蒸焙，汤火一失，则已变而为常品。须制造精微，运度得宜，则表里昭彻，如玉之在璞，它无与伦也；浅焙亦有之，但品不及。"以上两处记载，皆指出了白叶茶的共性，其叶莹薄，与常见的绿茶不同。对照当下的安吉白茶、白鸡冠、

白芽奇兰等品种，其新萌的芽叶，还是有点近似于宋代白叶茶"芽叶如纸"的特征的。

宋人斗茶，以白为上，这是宋代特别珍视白叶茶的根本原因。其实，在宋代以降的文献里，关于白叶茶的记载也很多，生长散见于诸多茶区的茶丛之中。清代《集异新抄》记载：苏州洞庭山，"包山寺有白茶树，花叶皆白，烹注瓯中，色同于泉，其香味类虎丘，一寺止一林，不知种自何来？植数十年矣。"后来，茶竟萎绝种。武夷山的四大名丛之白鸡冠，也属于白叶茶的范畴。在低温的早春与秋冬，白鸡冠新抽的芽叶，金黄翠白，光彩夺目，迥异于三坑两涧里的其他岩茶品种。

安吉白茶的母树，原生长在安吉县天荒坪镇的大溪村，位于海拔800多米的横坑坞桂家厂，是一蓬树龄逾百岁的再生型古茶树，当地人称它为大溪白茶。20世纪80年代开始，由地方农业部门选育，无性繁殖出了大溪白茶茶苗。考虑到地理标识和产权保护，在2004年，地方政府把大溪白茶，命名为安吉白叶一号。同样在蓬勃发展的江苏溧阳白茶，引种的也是安吉县的白茶一号品种。

安吉白茶，是我见过的最美的绿茶品种，淡雅有余清。在安吉溪龙，绵延起伏的万亩白茶园，幽借山头云雾质，白云竹下采春芽，一碧万顷的胜景，值得驻足游赏。

安吉白茶，是一个温度敏感的自然突变体，其白化表达的温

安吉溪龙茶山

度阈值，在 20℃～22℃之间，但该温度仅在茶芽萌发的初期发挥作用。其正常复绿的启动温度，在 16℃～18℃之间。每年春季，茶树抽出的新芽嫩叶，如玉兰初绽。随着季节和气温的变化，芽叶的颜色，由嫩黄色逐渐变成玉白色，但其叶脉，却是翠绿的。通常，春茶的一芽两叶期，为盛白期。待盛白期过后，叶色又逐渐由玉白色转变为淡绿色。最后成熟的老叶，及其夏秋季生长出的芽叶，均呈浅绿色。由此我们知道，头采的安吉白茶，其白化度往往并不高，干茶色泽，翠绿泛着金黄，花香明显，但其耐泡度和鲜甜度，明显好于稍后色泽玉白的。

安吉白茶不苦不涩，淡雅鲜爽，其清新的绿茶风格，是由安吉白茶的特殊内质决定的。研究发现，安吉白茶在低温叶绿素合成受阻的同时，会促进可溶性蛋白的水解，导致鲜叶中游离氨基酸的显著上升。因此，安吉白茶的氨基酸含量，一般会在 6% 左右（最高值可达 10.5%），比其他绿茶高一倍左右，而茶多酚的含量，大约为其他绿茶的一半。高氨低酚的黄金组合，造就了安吉白茶淡雅、清爽、鲜香的特殊滋味，真应了古人的"雅淡幽姿风味别"。

安吉，修篁翠竹，林壑尤美，是国内著名的竹乡。近几年来，随着安吉茶园的无序扩大，茶山竹木锐减，茶山与植被保护之间的良好互动，已发展到了一个瓶颈期。对于今天大部分产区的安吉白茶，如果不在制茶技术与生态茶园管理上，敢于突破，别出

蹊径，便很难再复原出数年前的安吉白茶那种特有的幽微鲜甜的味道了。

市场上常见的白叶类绿茶，主要有安吉白茶、长兴白茶和溧阳白茶。安吉和长兴白茶，同祖同根，差别不大。溧阳白茶，干茶的色泽深绿间带花白，不如安吉白茶翠绿嫩黄。茶香多带板栗香，耐泡度虽然较好，但缺乏安吉白茶的清幽花香。这主要还是与安吉的海拔高度和气温差异有关。安吉与溧阳，虽有橘生淮北淮南之论，但是，如果安吉的茶山，再不适当地退茶还林，破坏了安吉竹林覆盖的宜茶山场，青已蓝矣，也未可知。

安吉白茶的茶青采摘标准，多为一芽一叶，仅采清明前后的白化期的春茶。凤型安吉白茶的制作，参照了黄山毛峰的烘青工艺，其基本工艺包括：鲜叶摊放、杀青、理条、初烘、摊凉回潮、复烘等工序。为了充分挖掘安吉白茶细腻鲜美的优点，杜绝青气涩味，自2012年开始，我们会灵活根据当季的气候特点，看茶做茶，优中择优，摒弃常规的做茶技术，每年都会制作少量的私房茶"玉玲珑"，与爱茶的朋友共同分享这份馨甜的春意。玉玲珑，名副其实，性禀天然雅淡中。干茶卷曲似螺，芽梢金黄，嫩白隐翠，白、绿、黄三色相映，尽显安吉白茶的清丽脱俗与兰心蕙质。暑日里，一盏在手，有谁能不被玉玲珑的形美、翠绿、鲜香、雅韵所折服？"味貌复何奇，能令君倾倒。"

恩施玉露
承唐韵

————

历史上的恩施，是巴国的一个重要组成部分。它位于湖北的西南部，东连荆楚，南接潇湘，西临渝黔，北靠神农架，是一个奇山异水、被崇山峻岭阻隔了的世外桃源。正因为如此，恩施玉露作为国内唯一的蒸青绿茶，才会原汁原味地传承于唐宋，完整地被保留下来，从某种意义上讲，称赞恩施玉露是中国传统茶的活化石，还是恰如其分的。

不仅如此，湖北恩施一带，也是我国最早饮茶与利用茶树的主要地区之一。尝百草、日遇七十二毒、得茶而解的神农氏，就是活动在神农架地区的湖北人。东汉时期的《桐君录》记载："巴东别有真茗茶，煎饮令人不眠。"饮茶能够兴奋神经中枢系统，可能会造成失眠。这是中国历史上，对茶内所含咖啡碱药理功效的最早认知与记载。到了三国时代，张揖的《广雅》有："荆巴间采叶作饼，叶老者，饼成以米膏出之。"东晋常璩的《华阳

国志·巴志》，记载的"土植五谷，牲具六畜……丹、漆、茶、蜜……皆纳贡之"，据详细梳理与考证，此处指的是三国时代、巴人献茶的事迹，而不能附会到该文献中的"周武王伐纣，实得巴蜀之师"这句话上。因为在商周时期，民间可能存在着饮茶之事，但茶并未列入官方的记载，因此，茶不可能成为周代的朝贡之品。另外，常璩还在下文写道："园有芳蒻香茗"，这足以证明，在三国前后，恩施一带或者周边地区的人们，已经有意识地主动开园植茶了。

"其巴山峡川，有两人合抱者，伐而掇之。"陆羽在《茶经》里，写到茶树的起源时，首先提到了他故乡的"巴山峡川"。"巴山峡川"的范围，大概是在重庆以东，湖北以西，以恩施地区为中心的山川峡谷地带。陆羽所描述的两人合抱的古老茶树，后世多因气候变化、自然灾害和人工砍伐等原因，逐渐消失了。但是，在恩施（尤其是利川）一带，还能见到很多数百年的古茶树存在，这从另一方面，也佐证了陆羽关于古茶树记载的真实可靠性。

更有意思的是，陆羽本是湖北人，他于唐代天宝十五年（756），游学巴山峡川，寻茶问泉，出三峡，经宜昌乘船至南京，在江浙地区，写下了不朽的《茶经》。从茶神神农氏到茶圣陆羽的传承，很难说《茶经》不是对古老的楚茶文化的一种发扬。

恩施玉露，又称恩施"玉绿"。"露"和"绿"，在古音和当地方言中，读音相同，都读"lu"。个人感觉，"玉绿"更能准确表达蒸青绿茶的高颜值，及其外观绿如翡翠、油润鲜嫩、养眼悦目的特征。1936年，湖北省民生公司的杨润之，把恩施"玉绿"改为恩施玉露。其原因可能是，那时做出的干茶，省略了脱绒去毫工艺，使得翠绿油润的干茶，其毫白如玉的特点更加显露。俯察远观，它像是翡翠上的露珠，又似清晨松针上的甘露，故名玉露。仅从名字辨析，"玉绿"和玉露所要表达的内涵，还是有差别的。

在恩施问茶时，经何洁的引见，我采访了恩施玉露的重要传承人，逾八十高龄的杨胜伟老师。杨老师说："恩施玉露在康熙十九年，起源于恩施芭蕉乡的黄连溪，由蓝氏家族首开'玉绿'之先河。传统的玉露，是以蒸青灶和焙炉为工具，以高温蒸汽穿透鲜叶组织，破坏酶的活性，运用蒸、扇、炒、揉、铲、整六大核心技术，以及搂、端、搓、扎四大手法，制作出的紧挺圆直、形若松针的蒸青绿茶。传统意义上的恩施玉露，至少具备三个特征：首先，采用高温蒸汽杀青，手工整形上光；其次，外观匀直、紧圆、挺如松针，色泽翠绿，油润似鲜绿豆；第三，鲜香、清高、隽永。"

恩施制茶的历史，可以追溯到唐代。唐代巢县县令杨晔撰写的《膳夫经手录》里，即有"施州方茶"的记载。相传恩施玉露是在清代康熙年间，由恩施芭蕉乡黄连溪的蓝姓茶商最早发明的。

从恩施蓝氏一族的传承来看，蓝氏家族早年在江西经营茶叶，后迁至恩施，他们在外经营的茶叶，肯定是针形、螺形或扁状的绿茶。最有可能的是，蓝氏定居恩施以后，把江西等地的制茶技术，带到了恩施。因为清初的恩施，还叫施州卫，之前叫施州，是土家族、侗族和苗族等少数民族聚居地。少数民族独特的文化形态，加上大山阻隔、交通闭塞，"不知有汉，无论魏晋"的桃花源式的居住环境，让唐宋的蒸青工艺，在这片深山里保存得比较完整，没有受到外来制茶技术和文化的冲击。因此，蓝氏家族在保留蒸青技术的前提下，把历史遗留下来的施州方茶，废团改散，改造成为松针状的散茶，提高了恩施茶的品位与香气，这在当时的恩施，是个了不起的创举。清初的少数民族地区，仍然保留着蒸青方形茶砖的工艺，这是符合当地的生产力发展和市场认知水平的。在相隔不远的湖南安化，在同一省份的湖北羊楼洞，其紧压茶和青砖茶，一度辉煌于清代，即是最好的证明。

恩施玉露的外形特征，对鲜叶的采摘提出了较高的要求，属于细嫩采，茶青多为单芽、一芽一叶或一芽两叶初展。在黄连溪的高山之巅，我专程考察了恩施玉露的原生群体种苔子茶。野生于杂草灌木之中的苔子茶，云雾萦绕，高低错落，芽长于叶，叶色深绿柔软，是制作恩施玉露的传统土生茶种。我在沿途的茶山，也看到了近年来新引进的很多外来改良品种，如龙井 43 号、福鼎大白茶、浙农 117 等。虽然当地的很多茶农认为，选用龙井 43

制作的玉露，其外观、香气和滋味会更好，但是，通过综合考察、比较，我始终认为，要论茶的质厚、汤滑及香气的丰富性，还属当地原生的苔子茶，它最能代表玉露的地方特征。茶品的不就是其独特的韵味与回味吗？同国内其他茶区的情况类似，恩施玉露的群体种，其外观的匀整度，可能会稍欠缺些，不是那么的美观，这却恰恰是容易辨别它的特点。就像山涧幽谷里，飒飒青松上的松针一样，如果其长短过于匀整一致，枝条过于对称，便失去了闲赏的自然之美。佳茗之美与味趣，不也是如此吗？

恩施的黄连溪苔子茶

恩施玉露的传统工艺比较复杂，而制茶工具，原始而简单。过去的蒸青灶，是借用蒸饭的普通锅灶或木甑，这是符合少数民族的生活与文化特点的，否则，在清代，就可能会改造为炒青或烘青绿茶了。恩施玉露的制作工艺，主要包括：鲜叶摊放、蒸汽杀青、扇干水汽、炒头毛火、揉捻、铲二毛火、整形上光、焙火提香、捡挑精选等工序。

蒸汽杀青，是最能体现恩施玉露特征的关键工序。蒸青工艺的优劣，直接影响到茶的色、香、味的品质，特别是外观的翠绿。若蒸青温度低，杀青不透，会造成茶的青气重，滋味苦涩，或出现红梗红叶的氧化现象。若蒸青温度过高，杀青过度，则会使干茶的颜色深暗，香气和滋味出现熟闷气味。只有杀青适度，才能呈现出玉露的外观油绿、汤色碧绿、叶底嫩绿的"三绿"特征。

蒸青适度的茶青，从蒸青抽屉卸出以后，必须迅速扇干水汽，快速地散热降温，这也是现代制作玉露的独有工序。《茶经》云："始其蒸也，入乎箅，既其熟也，出乎箅"，"散所蒸芽笋并叶，畏流其膏"，快速地扇干水汽降温，防止湿热作用，加速茶的氧化过程，可以避免造成叶黄、汤浑、熟闷邪味的出现。扇干，是对唐代蒸青工艺的传承。古代制作绿茶，多有扇干工艺的存在。明代闻龙的《茶笺》，在谈到松萝制法时说："炒时，须一人从旁扇之，以祛热气，否则黄色，香味俱减。予所亲试，扇者色翠，不扇色黄。"

当蒸青的叶温降至常温后，随之进入炒头毛火的工序。炒头毛火的工序比较特殊，需在140℃的焙炉盘上手工操作，主要为继续蒸发水分，兼做揉捻成形，同时促进内含生化成分的转化，为茶叶的色、香、味、形的形成，奠定基础。

炒头毛火叶下炉以后，必须迅速薄摊冷却，其后，在焙炉上加热揉捻。铲二毛火后，仍要冷却，以促进叶内水分的重新分布，为整形上光创造条件。这与古人制茶的"盖揉则其津上浮，点时香味易出"，其经验异曲同工。

最后的工序是焙火提香与挑拣精制。传统工艺的恩施玉露，采用竹篾编的焙笼，选用的是无烟无味的栗木白炭。在焙火时，篾箅上，要铺一层当地的树皮纸，隔烟遮味，用无焰暗火把茶焙干。

恩施玉露，叶色翠绿，香鲜味爽，异常珍贵，曾被民间誉为"蓝氏希焙"。晚唐诗人郑谷，在巴山峡川游玩时，留下的《峡中尝茶》诗云："簇簇新英摘露光，小江园里火煎尝。"诗人郑谷品的，虽是唐代的施南方茶，"入座半瓯轻泛绿，开缄数片浅含黄"，但是，"酒渴更知春味长"，从中还是能够嗅出恩施玉露的味浓香永，以及承载的唐宋气韵。

猴魁瓜片
与松萝

一生痴绝处，无梦到徽州。古徽州不仅风景优美，而且自古好茶迭出。尤其在明清以后，休宁松萝、顶谷大方、六安瓜片、太平猴魁、黄山云雾等茶，名重天下。

安徽因其独特的地理环境，与茶的历史渊源颇深。徽茶最早的文字记录，见于两千多年前的《桐君录》的记载："酉阳、武昌、庐江、晋陵，皆出好茗。"汉与晋时的庐江郡，管辖现在的安庆、六安、合肥等地区。

东汉的华佗，是安徽亳州人，他一定是长期饮用家乡的徽茶，才能总结出"苦荼，久食益意思"的高论。到了唐代，敦煌遗书《茶酒论》谓之 "浮梁、歙州，万国来求"，这里的歙州，包括了今天的黄山、绩溪、婺源等地。

宋代以后，皖南茶区名茶崛起，尤其是在明初，罢造龙团凤饼以后，炒烘散茶一枝独秀。松萝茶一经问世，便名满天下，其

炒焙、揉捻、精制之功，不仅影响了周边的烘青绿茶，甚至影响了乌龙茶的诞生。明代冯时可《茶录》记述："徽郡向无茶，近出松萝茶，最为时尚。是茶，始比丘大方，大方居虎丘最久，得采造法，其后于徽之松萝结庵，采诸山茶于庵焙制，远迩争市，价倏翔涌。人因称松萝茶，实非松萝所出也。是茶，比天池茶稍粗，而气甚香，味更清，然于虎丘，能称仲，不能伯也。"从文中可知，松萝的制茶技术，来源于苏州虎丘茶，由久居苏州的大方和尚，把绿茶的炒烘技术带到了徽州，并加以改良。但冯时可也承认，松萝的品质，还是无法超越虎丘茶的，其品质之别，可能与茶种有关。

虎丘茶，可惜在明代已经绝种，我们只能从传世不多的文献中去感受、其绝尘脱俗的芬芳了。明末苏州状元文震孟说："吴山之虎丘，名艳天下。其所产茗柯，亦为天下最，色香与味在常品外。如阳羡、天池、北源、松萝，俱堪作奴也。"康熙年间，顾湄的《虎丘山志》记载："叶微带黑，不甚苍翠，点之色白如玉，而作豌豆香，宋人呼为白云茶。"《苏州府志》也说："烹之色白，香气如兰。"吴士权《虎丘试茶诗》云："虎丘雪颖细如针，豆荚云腴价倍金。后蔡前丁浑未识，空从此苑雾中寻。"

读至此，我们便会明白，当时的虎丘茶，采得非常细嫩，加工精良，可是氨基酸含量特别高的优异茶种。其特有的细幽鲜香，是松萝所不能比拟的。而松萝茶，可能香更烈，味更厚，所以，古医书里才有"徽州松萝，专于化食"的妙用。

黄龙德在《茶说》中，对两种名茶的鉴赏，还是可信的。他说："其真虎丘，色犹玉露，而泛时香味，若将放之橙花，此茶之所以为美。真松萝，出自僧大方所制，烹之色若绿筠，香若兰蕙，味若甘露，虽经日，而色香味竟如初烹，而终不易。"虎丘茶偏白，松萝茶偏绿，在绿茶中，能出现橙花香的茶，实属罕见。陆羽晚年，曾长期寓居虎丘，影响了虎丘茶的种植，也影响了苏州人的茶生活。由于陆羽的大力倡导，"苏州人饮茶成习俗，百姓营生，种茶亦为一业"。

关于松萝茶的制作，明代闻龙的《茶笺》里，有详细记载：

"茶初摘时，须拣去枝梗老叶，惟取嫩叶，又须去尖与柄，恐其易焦，此松萝法也。炒时须一人从旁扇之，以祛热气，否则色香味俱减。予所亲试，扇松萝茶者色翠。令热气稍退，以手重揉之，再散入铛，文火炒干入焙。盖揉则其津上浮，点时香味易出。"松萝茶，其精妙的采青与炒烘技术，来自于对苏州虎丘茶的模仿。反过来，它又影响到浙、赣、闽、鄂等省制茶技术的进步。松萝的特殊制法，可能会让古代的文人耳目一新。明代袁宏道认为，松萝味在龙井之上。冒襄也赞美道，能和罗岕茶媲美的，唯有松萝茶。清代吴嘉纪的《松萝茶歌》有："松萝山中嫩叶荫，卷绿焙鲜处处同。"

松萝茶的诞生，直接影响了六安茶的制作工艺。从今天的六安瓜片，我们还能看到明代松萝茶的影子。六安瓜片的制作，也是拣取嫩叶，剔除梗枝、芽头和老叶，锅炒烘焙。六安瓜片，叶肥味厚，其功效类似于松萝茶，都有消融积滞、健食去腻的药理作用。

六安茶的历史，非常悠久，唐时陆羽称之为寿州茶。明代许次纾的《茶疏》云："天下名山，必产灵草。江南地暖，故独宜茶。大江以北，则称六安。"屠隆《茶笺》说："六安茶，品亦精，入药最效。但不善炒，不能发香而味苦，茶之本质实佳。"六安茶作为药用，从明至今，强调的是六安茶的消食去腻作用，而非其他。或许正因于此，六安茶从明代嘉靖开始，到咸丰年

间，才成为盛极一时的贡茶，故明代陈霆说："六安茶为天下第
一。有司包贡之余，例馈权贵与朝士之故旧者。"明代徐光启在
《农政全书》里说："六安州之片茶，为天下极品。"这里的"片
茶"，并非今天的六安瓜片，还是传承于唐宋的蒸青饼茶，即六
安龙团。坊间有句茶谚："一个六安三种茶，瓜片龙团六安骨。"
对于瓜片和龙团，很好理解，"六安骨"却使人陌生。"六安骨"
又叫茶枝茶，是在茶的精制过程中，挑拣出来的茶梗与粗叶，焙
足火后，价格低廉，供辛苦劳力者，解渴除乏之用。今天看到的
莱芜老干烘，其前身本是传说中的"六安骨"。如果再进一步考
证，明清入贡的六安茶，多指六安州区的霍山黄芽等。清嘉庆九

年（1804）编纂的《六安州志》说："茶称瑞草魁，霍茶又为诸茗魁矣。天下产茶州县数十，惟六安茶为宫廷常进之品。"

在《红楼梦》里，贾母说她不喝六安茶，并非是六安茶的品质不好，而是饮食清淡的贾母，自认为绿茶鲜爽清寒，刺激性强，不适合年老体弱、养尊处优的自己。而刘姥姥却截然相反，她务农在乡，身体硬朗，口味较重，禁得住绿茶的厚烈，所以笑道："好是好，就只淡些，再熬浓些更好了。"红楼梦中的六安茶，也非今天的六安瓜片。六安瓜片公认的问世时间，应该在1905年前后，最早是六安金寨麻埠的茶农，仿造松萝，除梗选嫩，精制绿茶，因其叶形似蜂翅而得名。尔后，齐头山的后冲茶农，竞相仿效"蜂翅茶"，质形香色，更胜一筹。又因其形似葵花瓜子，为区别于麻埠的"蜂翅茶"，遂叫"瓜子片"，简称"瓜片"。

六安瓜片的主产地，位于大别山北麓的原金寨县和裕安区两地，尤以蝙蝠洞周边山区的齐头山为佳，瓜片的前身，即是历史上著名的齐山云雾。

六安瓜片的采摘，与其他名茶不同。传统的六安瓜片春茶，在谷雨前后十天之内，等新梢开面后采摘。茶青采摘时，以一芽二至三叶作为标准。鲜叶采回后，要及时扳片。所谓扳片，即是将采摘回来的鲜叶，及时除芽去梗。扳片时，把嫩叶（未开面）、老叶（已开面）分离出来，炒制瓜片。剩下的芽、茎梗和粗老叶，炒制"针把子"，作为副产品处理。现在的采法，多在茶树上留

枝采叶，直接采叶片肥厚的第二或第三个叶片，求壮不求嫩。

　　六安瓜片的炒制，分为生锅、熟锅、毛火、小火、老火五个工序。生锅杀青，熟锅整形炒干，之后是烘制，利用毛火烘干湿坯。小火烘制九成干时，拉老火。老火阶段，则是瓜片香气、色泽、滋味形成，以及上霜程度的极为关键工序。六安瓜片，翠绿带霜，是最见火功的绿茶。

　　在绿茶中，醇厚有加的，还有同时期诞生的太平猴魁。据新编《黄山区志》记载，猴魁创制于 1900 年，早瓜片五年。在这之前，茶农主要生产尖茶。乾隆年间的《江南通志》有："太平龙门产翠云茶，香味清芳。"翠云茶后来演变为尖茶，清后期又发

展为魁尖。关于猴魁的诞生,最符合逻辑的说法,应是郑氏家族
为提高尖茶的品质,攫取高额利润,专门请人把尖茶中大小整齐
的芽叶单独拣出,单独包装,运至南京销售,大获好评与抢购。
这一成功经验,启发了家住猴岗的王魁成先生,他认为,与其在
成茶后挑选,倒不如在采摘时,就加以精挑细选为好。于是,他
安排人手,精采猴坑一带特有的柿大茶的一芽两叶,创新出了
"王老二魁尖"。因茶产自猴岗,王魁成的名中有个"魁"字,
再加上县名,故称太平猴魁。

猴魁的采摘,与瓜片一脉相承。谷雨前后,当茶园中的茶树,
超过 10% 的新梢达到一芽三叶初展时,便正式开园。制作猴魁。
其采摘标准,为大叶种柿大茶的一芽三至四叶。当鲜叶采回后,
要在拣板上,按照一芽两叶的标准,严格拣尖。拣尖后的一芽两
叶,才是符合制作猴魁的原料,俗称"尖头"。不符合标准的芽
叶,及其挑剔出的叶片,另外制成魁尖和魁片。

猴魁的制作工艺,包括杀青、毛烘、足烘、复焙四道工序。
猴魁的杀青,必须采用锅式杀青。起锅后,杀青叶要及时手工整
形,先把茶叶一枚一枚地放在筛网上,理平理直,茶叶不能互相
折叠、弯曲和黏靠。等把上、下两片筛网夹好后,用木滚轻轻滚
压,直至叶片平伏挺直为好。整形完毕的茶叶,要用炭火作为热
源,进行头烘、二烘、三烘。传统工艺的猴魁,在烘青、摊晾的
同时,按捺芽叶,形成猴魁特有的外形。

太平猴魁的色、香、味、形，独具一格。其外形，两叶抱芽，扁平挺直，自然舒展，白毫隐伏，有"猴魁两头尖，不散不翘不卷边"的美名。干茶色泽苍绿匀润，叶脉绿中隐红，俗称"红丝线"。瀹泡后，竖立成朵，宛若兰花。滋味鲜爽醇厚，汤色清绿明澈，香气兰香灵动，叶底嫩绿匀亮。

色泽墨绿的上品猴魁，"红丝线"的形成原因主要为：肥厚的大叶种茶青，在高温杀青时，很难快速均匀地被杀透，造成茶青主脉、侧脉中的多酚氧化酶不能被彻底地破坏，使得主脉、侧脉中的茶多酚，极易氧化成茶黄素、茶黄素，甚至是茶褐素，因此，干茶容易出现主脉暗红、侧脉呈红线状的特征。

在古徽州这片茶的沃土上，"陆羽旧经遗上品"。从郑板桥的"一壶新茗泡松萝"，到"七碗清风自六安"，还有"色澄秋水味兰花"的敬亭绿雪、西涧春雪、涌溪火青、汀溪兰香、黄花云尖、浮山翠珠、白云春毫、岳西翠兰、桐城小花、舒城兰花、霍山黄芽、金寨翠眉，等等，一大批产于烟云荡漾、高山绝顶、雾露滋培的徽州茶，气息恬雅、绝无俗味，深受松萝茶的影响，遗留着虎丘茶的余韵。

黄茶篇

黄茶的制作工艺，
虽然近似于绿茶，必须高温杀青，
使茶叶中的生物酶完全失去活性。
但是，也区别于绿茶，
它比绿茶多了一道攸关茶品的闷黄工艺。

黄茶堆闷
滋味醇

————

关于黄茶的记载，史料并不多见。在不同的历史时期，赋予黄茶的概念和内涵，悬殊很大。如唐代的寿州黄茶、蕲门团黄、四川的蒙顶黄芽，皆因茶树的芽叶自然泛黄故名，古人习惯称之为黄芽茶或黄叶茶。但是，那时的"黄茶"，是根据茶树发芽呈现的原有色彩，朴素地去命名的，其实仍属于蒸青绿茶。

唐代，杨晔《膳夫经手录》记载："有寿州霍山小团，此可能仿造小片龙芽作为贡品，其数甚微，古称霍山黄芽乃取一旗一枪，古人描述其状如甲片，叶软如蝉翼，是未经压制之散茶也。"元曲《折桂令》唱道："你本是秋水无尘，我本是美玉无瑕。十字为媒，又不图红定黄茶。"这里的"黄茶"，是指早春颜色嫩黄的茶，仍然属于绿茶。

到了明代，许次纾在《茶疏》中，准确描述了绿茶变黄的原因。他说："顾彼山中不善制法，就于食铛火薪焙炒，未及出釜，

业已枯焦，讵堪用哉。兼以竹造巨筥，乘热便贮，虽有绿枝紫笋，辄就萎黄，仅供下食，奚堪品斗。"其实陆羽在《茶经》中，也提到了影响茶叶发黄的因素，其中写道："宿制者则黑，日成者则黄"，那么，陆羽为什么说当天制成的饼茶色黄呢？其根本原因，在于下文的"蒸罢热捣"，即"茶之至嫩者"，经过蒸青后，没有及时地迅速降温，造成无意识的茶叶"闷黄"现象。也就是到了明代才认识到的"不扇则黄"。

在崇尚绿茶的时代，因不善制茶或低温杀青，或杀青时间过长，或杀青后干燥不及时等因素，茶坯在湿热作用下，发生了非酶性的自动氧化，形成了黄叶黄汤，在阴错阳差中，无意间诞生了黄茶。但是，真正意义上的黄茶工艺形成，不会早于明代。可见，任何茶类的诞生，都是一场美丽的误会，而这种错误，恰恰造就了茶叶世界的五彩缤纷。

历史上最早的"黄芽"一词，见于唐敬宗年间李肇的《唐国史补》，其中有："寿州有霍山之黄芽，蕲州有蕲门团黄。"但此黄芽是指茶树品种，并非指真正的工艺黄茶类。现在，我们能够见到的黄茶，大概有君山银针、蒙顶黄芽、霍山黄芽、莫干黄芽、温州黄汤、沩山毛尖、广东大叶青等。黄茶的品种，多以中、小叶种为主，因为大叶种的多酚类含量较高，在闷黄过程中，黄变比较迅速，但若是时间一久，可能会变为黑色，影响茶品的视觉和观感。

蒙顶黄芽

　　黄茶的制作工艺，虽然近似于绿茶，必须高温杀青，使茶叶中的生物酶完全失去活性。但是，也区别于绿茶，它比绿茶多了一道攸关茶品的闷黄工艺。值得注意的是，如果不进行鲜叶杀青或杀青不透，而将茶叶直接进行堆闷，茶叶就会变红，而不是变黄，这样的工艺，走的是红茶的酶促氧化路线。这也充分证明了，黄茶的闷黄，是在湿热条件下的自然氧化，其氧化产物不同于红茶发酵。红茶发酵生成的物质，主要是茶黄素和茶红素。

　　黄茶的基本工艺包括杀青、堆闷、干燥三个环节。堆闷，是黄茶区别于绿茶的独特工序，通过堆闷的湿热作用，或微生物的作用，引起叶内物质发生深刻的物理化学变化，为形成黄茶"干茶黄、叶底黄、汤色黄"的独特品质，创造了技术条件。

黄茶根据鲜叶的老嫩，通常分为黄芽茶、黄小茶和黄大茶三类。相对于绿茶，黄茶的杀青温度要适当低些。杀青采用多闷少抛的手法，以形成高温湿热的条件，尽可能较大程度地破坏叶绿素。通过闷黄，促进叶绿素的氧化降解，从而使绿色减少，黄色显露。由于热化作用贯穿于黄茶制作的始终，苦涩味较强的酯型儿茶素含量减少，蛋白质便会在湿热作用下，水解为氨基酸；淀粉水解为单糖；咖啡碱也会减少 20% 左右，由此，综合形成了黄茶的浓醇鲜甜、不苦不涩、香气清悦的品质特点。

黄茶轻微发酵的特点，使得黄茶醇和而不太苦寒，厚甜而不刺激。在其他茶类还没有普及的过去，黄茶的诞生，对传统的绿茶产区，显得尤其重要。黄茶的存在，让不宜品饮绿茶的老人、胃肠虚弱的爱茶者，多了一种温和的选择。当红茶、黑茶、乌龙茶等发酵茶类渗透到传统绿茶产区之后，黄茶的发展，便受到了断崖式冲击。本来市场份额就不大的黄茶，逐渐开始式微没落，似乎是不可避免的事情了。荣枯了得无多事，只是闲人漫系情。在茶的五彩世界里，六大茶类各有特色，一个都不能少。市场份额再小，也不能让真正的黄茶从我们的眼前无端消失。希望有更多的人参与进来，先把黄茶做真、做好、做精，让更多的人去喜欢和欣赏黄茶之美，期待黄茶早日能够回归传统、生机再现，蓄芳待春。

君山银针
金镶玉

站在岳阳楼上，重温范仲淹《岳阳楼记》的片段："衔远山、吞长江，浩浩汤汤，横无际涯。"此刻，我才意识到，一碧万顷、沙鸥翔集的洞庭湖，所衔的远山，本是盛产银针的君山呀！黄庭坚诗云："未到江南先一笑，岳阳楼上对君山。"而今的君山四周，湖水干涸，野草萋萋，已看不到刘禹锡诗中的"遥望洞庭山水翠，白银盘里一青螺"。

君山产茶，始于唐代，僧人齐己有诗："灉湖惟上贡，何以惠寻常？还是诗心苦，堪消蜡面香。"这说明灉湖茶在唐代，已经是不能惠及寻常百姓的贡茶了。李肇《唐国史补》记载："湖南有衡山，岳州有灉湖之含膏。"唐代的灉湖茶，大概包括君山、北港、龙山、龟山等诸山所产之茶，尤以君山为上品。唐代诗人刘禹锡，在岳阳写下名句"今宵更有潇湘月，照出霏霏满碗花"，那清绝的"霏霏满碗花"，未尝不是君山茶？

宋代的"岳州之黄翎毛"，应该是君山银针的前身。正如蒙

顶石花是蒙顶黄芽的前身一样。君山茶，芽头肥大，色泽微黄，白毫密布，称之为"黄翎毛"，栩栩如生，确实贴切。为什么君山银针会被喻为"黄翎毛"呢？只有清楚了宋代的制茶工艺，才会得出正确的结论。宋代的贡茶不同于唐代，茶芽蒸青后要洗涤，小榨以去其水，大榨出其膏，榨出茶的部分汁液后，茶汤的苦涩度会降低很多。其后，要压饼干燥。在布帛里压榨过的茶，干燥后，茶芽容易发生轻微的氧化黄变，使茶的外观更加密布显毫，因此，称之为"黄翎毛"，是符合古人的视觉感受的。唐代制茶，没有"压黄出膏"这个环节，而君山的茶，又汁浓味厚，所以，才称为"含膏"。

通过对君山原生群体种茶树的观察，我基本可以确认，君山银针，属于内质比较丰厚的中叶种。当然，近代新栽培的君山茶园里，也有大叶种茶树的存在。茶园里原生种茶树的特征，与唐宋史料中所记载的芽茶的内质与外观，也是基本吻合的。清代袁枚在《随园食单》中，准确记下了君山茶与龙井茶树相区别的特点，他写道："洞庭君山出茶，色味与龙井相同，叶微宽而绿过之，采掇最少。"北宋范致明《岳阳风土记》载："瀸湖诸山旧出茶，谓之瀸湖茶，李肇所谓岳州瀸湖之含膏也，唐人极重之。见于篇什，今人不甚种植，惟白鹤僧园有千余本，土地颇类此苑。所出茶，一岁不过一二十两，土人谓之白鹤茶，味极甘香，非他处草茶可比并，茶园地色亦相类，但土人不甚植尔。"范致明认为，君山白鹤泉周边的白鹤茶，极其甘香，这一点值得我们深思。蒸青绿茶本来比较苦涩，香气也不会太高，那么，这种特有的甘香，又来自何处呢？唯一的解释，就是"土人"通过摸索，逐步改变了过去的制茶工艺，使白鹤茶具备了堆闷黄变的技术可能。

北宋黄儒的《品茶要录·过熟》的记载，基本可以证实我的推断，黄儒认为，茶叶蒸青后，过熟色黄的，会更甘香。其中有记："试时色黄而栗纹大者，过熟之病也。然虽过熟，愈于不熟，甘香之味胜也。故君谟（蔡襄）论色，则以青白胜黄白；余论味，则以黄白胜青白。"

综上所述，宋代的君山银针，虽然还不同于今天的黄茶，但通过适当的控制、蒸、榨、闷、干燥等工序，可能会促使茶叶发生黄变而变得香高、味甜、韵长，甚至具备了黄茶的雏形。

明代以后，君山银针作为黄茶的代表，已经原形毕露。但由于地域限制，产量极少，君山茶多见于僧人的诗词之中，如："茶烟歇于僧舍"，"晓寻诗句乞僧茶"，"僧煮茶分香雾横"等等。

到了清代，君山银针才有了正式的命名。同治年间的《巴陵县志》记载："君山贡茶，自国朝乾隆四十六年开始，每岁贡十八斤。谷雨前，知县遣人，监山僧采制一旗一枪，白毛耸然，俗呼白毛尖。"白毛尖的称谓，也很逼真。芽头茁壮、白毫如羽的君山银针，多么像太上老君的眉毛呀！

《红楼梦》第四十一回"栊翠庵茶品梅花雪"一章，其中

君山茶园

写道：贾母说她不喝六安茶，"妙玉笑说：'知道。这是老君眉。'"金枝玉叶出身的妙玉，最懂年事已高的贾母，她早已给贾母准备了轻发酵、茶性稍显温和的黄茶。深谙养生之道的贾母，本是名门闺秀，肯定不会在饭后即饮寒性较重、刺激性较强的六安绿茶的，这也是路人皆知的基本保健常识。至于很多人，武断"老君眉"是白茶，那更是离题甚远，贾母连绿茶都不喝，何况是不炒不揉、茶性更趋寒凉的白茶呢？从贾母的修为及茶的外形，结合妙玉泡茶所用的珍罕官窑茶器判断，妙玉泡给贾母喝的茶，极可能就是皇家贡茶。从妙玉的出身来看，视官窑茶器如草芥的她，是完全具备得到贡茶这个实力的。因此，贾母喝的老君眉，

应该最接近君山银针。尽管在《闽产录异》可以查到："老君眉
（原注：光泽乌君山前亦产老君眉。）叶长味郁，然多伪。"《建
茶志》援引古籍也说："白茶类，有白毫银针、老君眉、寿眉、
贡眉等名目。"但是，如果望文生义，想当然地认为《红楼梦》
中的老君眉从属于白茶类，从功效来看，这是最不可能的。

早期的君山银针，一般采摘一芽两叶。其后通过拣尖，制成君
山银针。清代的贡茶也是如此，芽头如箭的叫尖茶，纳作贡品，称
为贡尖；拣尖后，剩余的叶片，叫兜茶，称为贡兜。1953 年以后，
废除了先采摘、再拣尖的复杂程序，直接从茶园独采芽头。君山银
针的传统做法，基本包括杀青、摊晾、初烘、初包、复烘、复包、
干燥等工序，历时 72 个小时。其中，初包，是形成君山银针品质
特点的关键工序，摊晾后的 2 ~ 3 斤芽胚，用双层皮纸包成一包，
装入箱中放置 40 ~ 48 小时，进行发酵。嫩芽在湿热作用下，叶绿
素被破坏，多酚类氧化物和其他内质化合物开始转化，以芽色呈黄
及黄茶特有的醇和香气出现为适度。如果发酵不足，可以通过复包
弥补。

正宗的君山银针，入水即沉，可全部竖立在杯底，如春笋破
土。芽光水色，堆金叠银，蔚然成趣。其香气清纯悠长，汤色杏
黄明亮，滋味鲜醇甘爽。清代彭昌运《尝君山新茶》诗有："嫩
绿饱含螺黛色，清芬全是茞兰香。"

遗憾的是，君山银针的产量太低。"一螺青黛镜中心"的君

山，茶园面积大约有 30 多公顷，对爱茶人来讲，能品到一杯正宗的君山岛的银针，着实是幸运与倍感珍惜的。2015 年，在静清和茶斋开业之际，有幸收到长沙邓俐丽赠送的明前君山银针二两，芽身似黄金，茸毫白如玉。烹来长似君山色，一盏在手，雀舌含珠，喜润枯肠，直喝得齿颊生香，两腋生风，真如万年淳的《君山茶歌》所云："岩缝石隙露数株，一种香味那易识。"这种幽微空灵、不易识的香气，来自于君山绝美的山场、特殊的小气候条件以及千年雾雨烟霞的润泽。

茶中故旧
是蒙山

———

白居易有诗："琴里知闻唯渌水，茶中故旧是蒙山。"唐代的蒙山，是包含蒙顶山在内的群山丛岭的范畴，并非现在专指蒙顶山的单山孤岭的概念。蒙顶黄芽作为黄茶的面目，隐约开始出现，大约是在明末。李时珍在《本草纲目》写得清楚："真茶性冷，唯雅州蒙山出者，温而主祛疾。"这里的"真茶"，是专指绿茶。此时雅安的蒙山茶采用了闷黄工艺，黄芽黄汤，轻微发酵，使得蒙顶黄芽相对于绿茶稍温不寒，温和而不刺激胃肠。李时珍的记载，进一步指出了蒙顶黄芽从茶性上是区别于绿茶的。

凡是谈及茶的发祥与品饮历史，蒙顶山的历史地位与发展高度，是其他茶区难以取代的。清代顾炎武的《日知录》说："自秦人取巴蜀后，时有茗饮之事。"这个结论，从目前的史料分析是客观的。汉代王褒的《僮约》里，有"烹茶尽具""武阳买茶"的记载。《僮约》是一份购买僮奴"便了"的用工合同，在这份长达600字的契约里，王褒幽默地罗列了僮仆每日必做的繁琐家

务。其中的两条，就是在家里备具煮茶和去武阳买茶。汉时的"武阳"，即是今天四川眉山市的彭山区。王褒的用工规定，证实了汉代巴蜀地区的饮茶已经蔚然成风，茶也成了很普及的商品，而且在专门的集市，也能够随意买到。晋代，孙楚的《出歌》写道："姜桂茶荈出巴蜀，椒橘木兰出高山。"张载的《登成都楼》诗云："芳茶冠六清，溢味播九区。"上述文献，说明了从晋代开始，茶的清香已经从巴蜀地区，逐渐开始蔓延传播到了九州大地。

蒙顶山，是有确切记载的最早开始人工种茶的地方。山上有历代的石碑可证，茶祖吴理真，是世界上第一位人工植茶的种茶人，但他是否生活在西汉，值得存疑。后世关于吴理真的传说很

蒙顶茶山

多，我通过查阅大量的资料对比证实：吴理真应该是南宋人，或者是无数种茶人中的一位杰出的农民代表，只是有幸载入了茶叶种植史而已。蒙顶山天盖寺遗存的雍正六年的"天下大蒙山"石碑上，刻有"曰祖师吴姓，法名理真，乃西汉严道，即今雅之人也"，"随携灵茗之种，植于五峰之中。高不盈尺，不生不灭，迥乎异常，唯二三小株耳。"应是后世的断章取义和有意神化。因为《天下大蒙山碑》中的吴理真事迹，来自于《宋甘露祖师像并行状》碑。而在宋代《金石录》记载的《宋甘露祖师像并行状》中，清晰地表明了吴理真是宋代的甘露祖师。从中可以看出，《天下大蒙山碑》是对《宋甘露祖师像并行状》的误读。这种有意或

无意的误读，在茶的诸多传说中并非鲜见。

只要翻开唐代以后的任何一本茶书，蒙顶茶的气韵，都可令人回味，香透纸骨。唐代《元和郡县志》记载："蒙山在县南十里，今每岁贡茶，为蜀之最。"李肇的《唐国史补》，有着更为详细的记载："风俗贵茶，茶之名品益众。剑南有蒙顶石花，或小方，或散芽，号为第一。湖州有顾渚之紫笋。"从以上记载可以读出，唐代的蒙顶茶，叫做蒙顶石花。有的以蒸青方茶存在，有的以蒸青散茶存在，但在品质和数量上，均为贡茶第一。

唐代杨晔的《膳夫经手录》里，把蜀茶和浮梁茶做了个有趣的对比。杨晔写道："惟蜀茶南走百越，北临五湖，皆自固其芳香，滋味不变，由此尤可重之。自谷雨以后，岁取数百万斤。散落东下，其为功德也如此。饶州浮梁，今关西、山东，闾阎村落，皆吃之。累日不食犹得，不得一日无茶也。其于济人，百倍于蜀茶，然味不长于蜀茶。"他又说："束帛不能易一斤先春蒙顶。"由此可见，蜀茶在唐时的隽永与珍贵，其悠长的滋味，也是优于江西浮梁茶的。白居易在品完李六郎中寄给他的火前蜀茶后，倾诉了"不寄他人先寄我，应缘我是别茶人"的知己之遇。他在暮春时，品完四川眉州的绿昌明后，写下了"醉对数丛红芍药，渴尝一碗绿昌明"。此刻，芳景销残，春山寂寂，只有茶可共语。

据《明史·食货志》记载："四方供茶……时犹仍宋制，所进者俱碾而揉之，为大小龙团。洪武二十四年九月，上以其劳民力，罢龙团，惟采芽茶以进。"朱元璋罢掉团茶以后，蒙顶茶改为了炒青散茶。从唐代进贡的蒙顶石花，到宋代创造的万春银叶、玉叶长春，皆为蒙顶黄芽和蒙顶甘露的诞生，铺平了不断革新的道路。

蒙顶黄芽的产生，可能晚于霍山黄芽。其工艺，一定是在绿茶的制作中，偶尔发现当茶青炒闷、湿热黄变后，干茶的苦涩滋味降低了，口感比绿茶更加醇和了。同时，在一定程度上，克服了绿茶香气容易散失、不耐保存等弱点，然后，不断总结、改进、沉淀、固定下来的这种制茶技术。缓慢氧化发酵的蒙顶芽茶，提高了其内含物质的转化，使芽头更加紧结，滋味更加甜爽，耐长途运输而不易变质，韵味独特。这在密封材料不甚发达、长途运输缓慢的明清时代，由绿茶发展、派生出黄茶，确实是制茶技术的进步。

到了清代，蒙顶贡茶开始用于皇室祭天，从而变得更加神圣和尊贵。其采摘和制作，自然要遵循严格的规范和程序。清代光绪年间，名山县令赵懿，在《蒙顶茶说》中写道："岁以四月之吉祷采，命僧会司，领摘茶僧十二人入园。官亲督而摘之，尽采其嫩芽，笼归山半智短寺，乃裁减精细及虫蚀，每芽仅拣一叶，先火而焙之。焙之新釜，燃猛火，以纸裹叶熨釜中，候半焉，出而揉之。诸僧围坐一案，复一一开，所揉均摊纸上，绷于釜口，烘令干，又精拣其圆润完洁者，为正片贡茶。"从赵懿对蒙顶黄芽的制作描述可以看出，其中的炒焙、纸包闷黄等环节，已经接近标准的黄茶工艺了。

另外，著名的蒙顶甘露与蒙顶石花一样，同属于蒙顶绿茶。明嘉靖二十年（1541），《四川总志》的"雅州府"条目中，有"上清峰产甘露"的记载。这也从侧面证明了蒙顶黄芽的形成时间，应该在嘉靖二十年之后。蒙顶甘露，采摘标准为单芽或一芽一叶初展，它是在宋代贡茶"玉叶长春"（蒸青片茶）基础上发展起来的。其工艺为高温杀青，三炒三揉，有类似苏州碧螺春的团揉、搓毫工艺。

蒙顶黄芽的采摘较早，一般在每年的春分前后，古人称之为"苍条寻暗粒"。它要求采摘芽头肥壮、大小均匀的单芽，要用"掰"的方式采下芽头，而不能用指甲掐下。所采芽头的细嫩程度，如诗所云："淡淡鹅黄掇嫩枝。"

蒙顶黄芽的制作工艺，基本包括杀青、初包、复炒、复包、三炒、堆积摊放、四炒、烘焙八道工序。由于芽叶特嫩，因此要求精工细作。其中，包黄是形成蒙顶黄芽品质特点的关键工序。复炒以后，为使茶叶进一步黄变，可按初包的方法，将50℃左右的复炒芽头进行包置，经50～60分钟，当茶芽呈现黄绿色后，即可复锅三炒。堆积摊放的目的，是促进叶内水分均匀分布和多酚类物质的自动氧化，以达到黄叶黄汤的基本要求。

"蜀土茶称圣，蒙山味独珍。"蒙顶茶，黄芽扁直，汤黄而碧，香气清甜，味甘鲜醇，"露芽云叶胜醍醐"。真正的蒙顶茶，自有一种清香之味，非它茶所及。此种味道，一生嗜茶的白居易写得最亲："蜀茶寄到但惊新，渭水煎来始觉珍。满瓯似乳堪持玩，况是春深酒渴人。"喝茶之事，自然不能少了东坡先生，他在思念西蜀故土时，有诗："想见青衣江畔路，白鱼紫笋不论钱。"当故乡的青衣江萦绕于心时，难忘蒙山紫笋的清香滋味，这种体验，岂是用钱可以买到的？坡公那种于茶的情感，咀嚼得让人落泪。陆游却是"但恨此味无人领"。因为他知道，"饭袋酒翁纷纷是，谁赏蒙山紫笋香？"苏轼和陆游，诗中所写的"紫笋"茶，并非浙江的顾渚紫笋，它是蒙顶山上的一个特殊的茶树品种。陆游在"自烧沉水瀹紫笋"句中，自注说："紫笋，蒙顶之上者，其味尤重。"

晚唐的郑谷，在《蜀中三首》之二诗中写道："蒙顶茶畦千点露，浣花笺纸一溪春。""却共海棠花有约，数年滞留不归人。"到底是蒙顶山的茶香，留住的数年不归人，还是浣花溪畔的海棠花呢？这真的需要我们身体力行，在峰奇岭秀的蒙山之巅，品一杯茶中故旧，心中才会得出正确答案。

白茶篇

白茶自然清淡，
制作工艺比较简单，
主要包括萎凋和干燥两道基本工序，
工序间也无明显的界限。

白茶清凉
不揉炒

———

　　白茶，是指不炒不揉，经过萎凋、干燥制成的茶叶种类。它是六大茶类中，最古老、最原始、最自然、耗能最低的茶叶。如果按照这个定义，再去审视一下中国茶叶的发展史，白茶类极有可能是茶叶制作与利用的鼻祖。

　　陆羽《茶经》记载："茶者……其巴山、峡川，有两人合抱者，伐而掇之。"此文献所要表达的是，先民最早采茶，是要先砍下野生茶树的枝条，其后，用手将摘成熟的叶片，或药或食。这一点，在三国时期张揖的《广雅》中，也可以得到证实，书中记载："荆巴间采茶作饼，叶老者，饼成以米膏出之。欲煮茗饮，先炙令赤色，捣末置瓷器中，以汤浇覆之。"由此可见，古人在压制茶饼时加入米膏，是因为粗老的叶片难以成型，需要借助米糊的黏性，捣拍成饼。饮用时要烘烤成黄红色，祛除茶的寒性和苦涩味。等茶叶制作发展到唐代，茶叶开始趋于细嫩，饼茶已是"蒸而团之"，不需要再另加米膏粘结了。

　　茶，当茗讲，大约始于汉代。汉代前后，茶也常常被称之为"蔎"。茗的出现，最早见于西汉杨雄的《蜀都赋》，其中有："百华投春，隆隐芬芳，蔓茗荧郁，翠紫青黄。"西汉王褒《僮约》中的"武阳买茶"，买的大概就是自然晒干的茶叶。这些可以在市场上自由交易的茶，在还没有揉捻工艺、不确定有杀青工艺的汉代，基本可以认定为是原始白茶类。

　　从上述可以推断，唐代以前的干茶与饼茶，基本上还是保持了原始白茶的形态。而那时为什么不采摘芽茶呢？其主要原因为：芽茶不易晒干，不好保存，容易变质。其次，芽茶煮饮苦涩。较嫩芽茶的出现，应该是在唐宋的贡茶制度以及皇室贵族的奢靡需

求等综合推动下产生的。即使到了晋代，在晒青茶叶存在的同时，也有新鲜茶叶不经晒干、直接煮饮的记载。东晋郭璞《尔雅注》有："冬生叶，可煮作羹饮。"《晋书》也有："吴人采茶煮之，曰茗粥。"茗粥又称茶粥，是以茶叶或茶汁煮成的粥。当下仍流行于湖南山区的擂茶，加食物、作料研磨，调以羹饮，其实就是茗粥的一种。唐代陆羽《茶经》问世以后，主流的饮茶方式，由煮茶改为煎茶，去掉了姜、葱、橘皮、茱萸、薄荷等佐料，提倡清饮，以品为主，故茗粥自唐之后逐渐消失。宋代苏轼的"偶为老僧煎茗粥，自携修绠汲清泉"，估计是用典，不见得是写实。

宋代的《东溪试茶录》以及《大观茶论》中，均有关于白茶的记载。此时的白茶，是特指白叶茶，还属于蒸青绿茶。从地理上看，生长白茶的东溪，是从现在福建的松溪县，流经政和，在建瓯县汇入建溪的一条溪流。宋代生产建茶的北苑贡茶厂，正好处在建溪流域，从这个意义上讲，在宋代，与常茶不同的珍稀白茶，可能是野生政和白茶的变异种，亦或是乌龙茶树的白化品种。

到了明代，田艺蘅的《煮泉小品》说："芽茶以火作为次，生晒者为上，亦更近自然，且断烟火气耳。况作人手器不洁，火候失宜，皆能损其香也。生晒茶，瀹之瓯中，则旗枪舒畅，清翠鲜明，尤为可爱。"按照田艺蘅的说法，在明代，生晒白茶的工艺已经出现了，且这种精制的芽茶，最接近今天的白毫银针。但是，这种白茶的制作技术究竟发源于何方？选用的是何种茶青？

野生茶的白化品种

还不好判断。有据可查的是，田艺蘅出生在钱塘的官宦之家，成年后长居吴、越之地，在徽州也生活过一段时间。从田艺蘅对茶的认知和生活履历来看，明代的白茶制作技术，确实已经存在，但仅限于高等级芽头茶的制作。

明代屠隆《茶笺》记载："日晒茶，茶有宜日晒者，青翠香洁，胜以火妙。"高濂的《遵生八笺》也写道："茶以日晒者佳甚，青翠香洁，更胜火妙多矣。"值得注意的是，田艺蘅、屠隆和高濂三人，均是生活在浙江的知名才子与文人玩家，特别是屠隆，他专门强调了茶中有适合日晒的品种，当然，也会有不适合日晒的茶树品种。如今天的政和大白、福鼎大白、福安大白等，就是适合日晒的品种。而芽毫稀疏的茶种，就属于不适合日晒的品种。日晒的白茶，受到很多江浙文人的赏识和厚爱，这也从某一层面，证明了日晒白茶工艺在江浙茶区的存在，已经不是偶然现象。

无独有偶，清代同治九年（1870）的江西《泸溪县志》，也已明确记载过白茶的制法，其文曰："三月谷雨前，采最嫩者一叶一枪，摊干为白毫。"谷雨后的茶长得粗大，一是用来作绿茶，"入叶炒之，乘热搓揉，炭火焙干。"二是用来做红茶，"红者用篾垫曝太阳中，即搓挪成条，晒干，泡汁深红，可以货卖。"《泸溪县志》记载的"白毫"茶，本质上已是真正的白茶类做法。它既不同于谷雨后绿茶的锅炒，也不同于晒红的红茶，完全是在阳光下不经揉捻而"摊干"的。同治十年（1871）的《义宁州

志》记载："道光年间，宁茶名益著，种莳殆遍乡村。制法有青茶、红茶、乌龙、白毫、花香、茶砖各种。"其中的"青茶"，不是乌龙茶，是指绿茶，当时制作绿茶的工坊一般叫青庄。红茶，是指刚刚诞生在修水的宁红。白毫，则是很明确的白茶类。从上述两则文献可以看出，同治年间的江西茶区，已经开始大量生产高等级白茶了。从生产时间来看，江西"白毫"要早于福建政和、福鼎地区，这是不争的历史事实。

据《政和县志》记载："清咸、同年（1851～1874）菜茶（小茶）最盛，均制红茶，以销外洋，嗣后逐渐衰弱，邑人改植大白茶。"又有："茶有种类名称凡七：曰银针，即大白茶芽，曰红茶，曰绿茶，曰乌龙茶，曰白尾，曰小种，曰工夫。皆以制造后而得名，业此者有厂、户、行、栈。"有确凿的史料证明，政和县是在光绪六年（1880），开始改植大白茶的。改植大白茶的目的，是为了提高政和工夫红茶的品质，以利于外销出口，而不是为了制作白茶。光绪十五年（1889），政和开始制作银针，并出口欧美、越南等地。福鼎开始制作银针，相传是在光绪十一年。到了光绪十六年（1890），福鼎才有出口外销的历史记录。对福鼎白茶的其他传说，至今还没找到更翔实、可靠的文字来证实。

白牡丹的产生相对较晚，大约是在 1922 年，首制于建阳水

吉，同年传入政和，试制 12 箱运往安南销售。白牡丹的诞生，是否会受到邻近江西茶区的影响？目前还不得而知。贡眉最早产于建阳漳墩，贡眉系由菜茶品种制得，茶芽小，外形较细长，具菜茶特殊香气，滋味鲜醇，深得东南亚尤其是港澳地区喜爱。20 世纪 80 年代以前，建阳产区三级以下的贡眉，统称为寿眉。

据很多资料可以证实，清末白茶的崛起原因，首先是主要的欧美市场红茶出口受阻，其次是出口东南亚地区的茶价低廉，无奈之举下的改红易白，主要是为了省工、省力、省炭，最大幅度地降低制作成本。

白茶，因采摘标准的不同，分为芽茶（白毫银针）和叶茶（白牡丹、贡眉、寿眉）。按照茶树品种分类，可分为大白、小白、水仙白三类。其中，大白茶的单芽，称为白毫银针；大白茶和水仙白的一芽一叶、一芽两叶，称为白牡丹；小白茶（群体种菜茶）的一芽两叶或三叶，叫做贡眉；低于贡眉标准或采用大白或小白品种制作、且不含芽头的成品干茶，原则上统称为寿眉。

白茶自然清淡，制作工艺比较简单，主要包括萎凋和干燥两道基本工序，工序间也无明显的界限。萎凋，是白茶品质形成的最为关键工序。在萎凋过程中，叶绿素的分解与转化，形成白茶灰绿的特有色泽。因为白茶未经揉捻，其中的酶与多酚类化合物未能充分接触，致使白茶的汤色与滋味浅淡，这恰恰为白茶后期缓慢、轻微的多酚类物质氧化，增加了转化的想象空间，注入了更多的风味情趣。因此，品质过关的白茶久存，随着岁月渐老，汤色会越来越深，滋味会越来越浓，茶汤趋于甘甜醇厚，入腹暖暖，并且耐泡程度也会越来越高，这就是陈年白茶引人瞩目的重要原因。

白茶的鲜甜，来自于糖类和氨基酸的积累。实验证明，白茶在加工过程中，萎凋至 60 个小时左右，其中的氨基酸含量会有明显增加。萎凋至 72 个小时后，其含量达到高峰。这个实验告诉我们，在白茶的制作过程中，如果萎凋时间过短，低于 36 个小时；或是过长，超过 72 个小时，都会造成白茶品质的严重下降。可见，大道至简，白茶的制作并不简单。白茶的干燥，是降低水分、消除低沸点的青气、提高香气、减少茶汤苦涩滋味与增加甜醇厚度的重要手段，从而形成白茶毫白芽素、清甜鲜爽的特有品质。

品质较佳的白茶，外观色泽灰绿或是翠绿。白茶不炒不揉的特点，决定了白茶的茶多酚含量较高。在加工过程中，形成的黄酮含量也会成倍地高于其他茶类。因此，白茶清凉，寒性较重。卓剑舟在《太姥山全志》中记载："绿雪芽，今呼为白毫，色香俱绝，而尤以鸿雪洞产者为最。性寒凉，功同犀角，为麻疹圣药。""白茶功同犀角，为麻疹圣药。"这说明白茶能够清凉入血，可解表透疹，对热性病的辅助治疗，具有一定的疗效，例如：春季的风热感冒等。但是，我们生活中常见的感冒，多为风寒感冒，如果不明就里，不加以辨证论治，盲目地去大量饮用白茶，只会寒上加寒，错上加错，贻误病机，加重病情。

政和大白
醇厚佳

————

　　白茶，主产于福建的政和、福鼎、松溪和建阳等县，云南景谷县与台湾地区，也有少量生产。

　　政和位于闽北与浙南之间的丘陵地区，历史上曾叫关隶县。政和五年，嗜茶的皇帝宋徽宗，把自己的年号赐给关隶，改关隶县为政和县。若从地理区域上分析，古代的关隶县与建州接壤，也是建州贡茶的重要组成部分。

　　政和境内，群山环抱，溪涧争流，白茶茶区的海拔，基本在200 ~ 800 米左右，主要集中在铁山、岭腰、念山、杨源等东部高山区域。良好的高山地貌与丰富的植被，为政和白茶的休养生息，提供了理想的生态环境。政和大白属于小乔木大叶种，一芽二叶长 6.4cm，百芽重 50 ~ 76g；而福鼎大白（华茶一号）属于小乔木中叶种，一芽二叶长 5.1cm，百芽重 23g。因此，政和白茶相对于福鼎白茶，茶多酚和水浸出物的含量要高出许多，这就是政和大白茶比较醇厚和耐泡的根本原因。

政和大白茶树，最早发现于政和的铁山乡，无论是光绪五年农民魏春生的发现，还是风水先生的发现，一个基本的事实是，茶农在无意间，发明创造了茶树压条的无性繁殖方式，保持了优异品种的稳定性，缩短繁殖周期，大幅降低了育种成本，为清代白茶的推广、种植与兴盛发展，创造了极大的便利条件。目前，在政和茶区能够看到的适宜制作白茶的品种，主要为政和小白茶、无性繁殖的政和大白茶、引进的福鼎大白茶、福安大白茶、由福鼎大白和云南大叶种杂交的福云6号以及武夷水仙等。

个人认为，最能代表政和大白茶品质特点的，应是传统的政和白牡丹。传统的政和白牡丹，以政和大白茶为原料，而政和大白茶，属于发芽较晚的小乔木品种，叶片肥厚，内含物质丰富，水浸出物高达42.18%，生物碱的含量高达4.32%。白牡丹，因两叶抱一芽，芽叶连枝，叶片抱心，叶缘微向叶背垂卷，经沸水瀹泡后，宛似牡丹初绽，故有"白牡丹"之美名。白牡丹的干茶，色泽灰绿，叶背白毫莹然，绿面白底，有"青天白地"之称。又因萎凋时间久长，叶色渐变，而呈绿叶红筋，故又有"红装素裹"之誉。高级白牡丹，一般采摘明前头春茶的一芽一叶初展或一芽两叶初展，干茶芽多叶少，叶张肥嫩，毫心肥壮，等级较高。

细品白牡丹，汤色明澈杏黄，滋味鲜甜醇厚，叶姿恬淡，花影重重，适口悦目，有古典之美。对于等级较高的白牡丹，我始终反对模仿普洱茶去蒸压成饼。白茶压饼后，仅仅解决了白茶松散、体积大和运输困难等问题，但也会后患无穷。白茶压饼后，如果不能密封和避光保存，其含水率不能有效控制在 6% 以下，白茶的后期转化，走的可能会是黑茶的陈化路线，更令人担忧的是，如此保存，可能很快会使茶发霉变质。颠倒黑白，会白白牺牲掉其独特的高氨基酸优势。高等级白茶压饼的蹩脚之处还在于，明明可以靠氨基酸示人，却偏偏要与云南大叶种茶去拼陈化，得

政和野生老丛白茶的阳光下萎凋

不偿失。据测定，氨基酸含量最高的白茶与黑茶类相比，氨基酸的含量竟相差 27 倍之多。白茶的制作工艺，也有利于氨基酸和黄酮含量的积累。

我通过观察发现，对于野生老丛白茶，因环境闭塞，地处偏僻，无法采出嫩芽，只能等到茶青小开面后统一采摘。为解决储存、运输体积等难题，而不得不去压饼。对于等级较高的头春白牡丹原料，很少会有人舍得压饼。首先，白茶在压饼时，毛茶需要蒸压与干燥，如此折腾过的白茶饼，虽说对茶的品质影响不大，但是，从工艺上来讲，很难说是严格意义上的白茶了。其次，白茶饼在品饮时，需要用茶针撬开，紧压成饼的茶，便很难保持白牡丹芽叶的完整性，那种宛如牡丹蓓蕾初放的茶姿之美，便会瞬间丧失殆尽，又到哪里去寻找白牡丹特有的"须晴日，看红装素裹，分外妖娆"？

政和白茶的制作工艺，主要分为萎凋、干燥等环节。传统的萎凋，无论是自然萎凋、加温萎凋、还是复式萎凋，一定是保证空气正常流通的有氧萎凋。识别一个白茶企业的生产能力和生产水平，一定要看它，究竟有多大的晾青场地和萎凋车间，否则，就是挂着羊头卖狗肉了。白茶的萎凋，是在既不促进也不抑制多酚氧化酶活力的条件下，任其自然地形成内含物质的氧化过程。当青气消退、无苦涩味、滋味醇和、产生清香或花香，即为萎凋适度。此刻，应及时终止萎凋，进入干燥程序。传统白茶的干燥，是通过炭焙，及

　　时终止茶叶的进一步发酵，这对白茶的香气、滋味、汤色和气韵的形成，以及含水率的控制，都是非常关键的工序。

　　政和白茶芽长肥壮，叶片较厚，制作时走水较难，香清、汤厚、醇和是其特点。良好的生态和品种，决定了政和白茶的耐泡度较高，香气偏豆奶香或粽叶香。树龄较大的丛味明显。而福鼎白茶的叶片，偏薄偏软，芽偏细小，但毫多色美，香气偏花香或板栗香。

　　在一定时间内，白茶的合理陈放，可视为是白茶工艺的继续深化，但含水率一定要控制在6%以下，并且要低温、干燥保存。等级较高的白毫银针与高级白牡丹，毫香鲜醇，不建议久存或压饼。一定要在它香气最鲜美、滋味最悦人的时候及时品饮，方是智慧之举。如席慕蓉诗中所言："在蓦然回首的刹那，没有怨恨的青春，才会了无遗憾，如山冈上那轮静静的满月。"

福鼎白茶
毫密布

————

　　一提到福鼎白茶，很多人自然就会联想到太姥山，主要因为峰峦叠翠的太姥山，"峰前峰后景皆妍，福地春深别有天。"作为美丽的旅游胜地，声名在外。其次，在太姥山的鸿雪洞外，发现有古老的白茶树，它是福鼎大白的前身。

　　如果细读一下民国卓剑舟《太姥山全志》的记载："太姥山，古有绿雪芽，今呼白毫，色香俱绝，而尤以鸿雪洞为最。产者性寒凉，功同犀角，为麻疹圣药，运销国外，价同金埒。"便会发现，卓剑舟所要表达的语意是，在太姥山上，曾经有成片分布的野生白茶树的古树群落，毫白叶绿，故把这片古茶树制成的茶，称为"绿雪芽"，尤以鸿雪洞前的品质最好。绿雪芽这个名字，在明末即有，当时还是绿茶。绿雪芽的命名，与明末熊明遇被贬福宁道、改造太姥山的制茶工艺有关，具体见拙作《茶与健康》的考证。在这之后，明末周亮工在《闽茶曲》中写道："太姥声高绿雪芽，洞山新泛海天槎。"此时的绿雪芽为什么声高？是因

为熊明遇把吴中所贵的岕茶的制作技术，带到了太姥山。我们再来看下，比熊明遇早到太姥山的谢肇淛，他眼中的太姥山的茶是怎样的？谢肇淛在万历四十四年成书的《五杂俎》中记载："闽方山、太姥、支提，俱产佳茗，而制造不如法，故名不出里闬。"谢肇淛讲得很客观，此处的茶青很好，但当地人的做茶水平太差，故外人并不知晓。明末清初，汪懋麟赞美绿雪芽的诗："贻我绿雪芽，重比南金贾，铅罂刺茶颂，香郁敌兰麝。"是写于熊明遇离任之后。清代乾隆年间，王孙恭在《游太姥山记》写道："入七星洞，则容成丹井在焉。泉从岩罅泠泠滴井，如掬之，游人每挹此，烹绿雪芽。"上述文献里的"绿雪芽"，至此，还没有任何证据能够证明，此时的绿雪芽一定是白茶类。

其实，如果沿着太姥山蜿蜒起伏的群山一路走来，便会发现磻溪、白琳、点头、管阳与前岐的茶，随着离海距离的不同、海拔的升高与植被的分布差异等，其品质

委实是悬殊很大。品种优异的福鼎大白茶和福鼎大毫茶，分别原产于点头镇的柏柳翁溪村与汪家洋村，且栽培历史超过百年。其中的白琳镇，还是白琳工夫红茶的发源地。白琳工夫自清代以来，即是以当地小白茶、福鼎大白和福鼎大毫等作为主要原料的。白琳工夫，条索纤秀，白毫橙黄，汤色橘红，曾与福安的坦洋工夫，政和的政和工夫红茶，并列为闽红的三朵金花而驰名中外。三款久负盛名的工夫红茶，均是以大白或小白茶作为原料的，白里透红，与众不同，无论哪一款，都是"白白与红红，别是东风情味"。

乾隆年间，福宁知府李拔纂修的《福宁府志》写道："茶，郡治俱有，佳者福鼎白琳。"清光绪三十二年（1906）编撰的《福鼎县乡土志》记载："二十年前，茶商麇集白琳，肩摩毂击，居然一大市镇。比来亏折者众，开庄采办，寥寥数十家而已。"白琳镇地处福鼎中部，在国家级著名风景区太姥山的西北麓。大约在 19 世纪 50 年代，太平军攻入闽北，造成武夷红茶技术的东移，诞生了白琳工夫红茶。这足以证明知府李拔所记载的"佳者福鼎白琳"，是指绿茶。而为什么到了 1906 年前后，茶商曾经云集的白琳镇，只剩下寥寥数十家茶庄了呢？这是因为在 1908 年，中国茶叶外销量占国际茶叶市场比重，已由 1852 年的 99.78% 突降至 29.23%，到了 1918 年，中国红茶的出口又开始出现了断崖式下跌。到了 1919 年，中国茶叶出口量的占比，仅剩可怜的

6.2%，少量的绿茶市场也被日本取代。当国际茶叶市场被印度、日本瓜分，此时的福鼎、政和，只有最大程度地降低成本，改红易白，试探着开辟新的市场，把改制的白茶出口南洋、越南等地。这也是为什么福鼎的白毫银针，到了光绪十六年（1890）才有外销记录的主要原因。

对于福鼎的白牡丹与白毫银针，我更喜欢白毫银针。福鼎的白毫银针，叶绿芽白，毫密而多是其特色，且毫香浓郁。目前市场常见的福鼎银针，主要品种为福鼎大白（华茶1号）与福鼎大毫（华茶2号）。福鼎大毫属于小乔木、大叶种，毫多且长，香气、外观虽略逊于福鼎大白，但其产量很高。就滋味而言，福鼎大毫的涩味较重，鲜甜度不及福鼎大白。假设福鼎大白、福鼎大毫与政和大白，都按一芽三叶的标准采摘，三者的100颗芽叶重量，分别为63.0g、104.0g、123.0g。

在白茶生产史上，政和的银针，称为南路银针。南路银针滋味醇厚，较为耐泡，其芽头瘦长，毫毛略薄，色泽偏灰绿，尤其茶芽根部较长，牙尖略弯。其外形不如福鼎的北路银针肥胖短促，色泽也不如北路银针光鲜显白。福鼎的银针，其原料主要为福鼎大白和福鼎大毫。福鼎大白的芽头略小，茶多酚含量低，氨基酸含量高，白毫多密，色白如银，芽弯似月，是银针中的精品。福鼎大毫产量较高，外形肥壮，与福鼎大白相比，茶多酚含量较高，氨基酸含量较低。二者尽管都是好茶，但是，如果说福

鼎大白制成的银针，是可爱的洛阳女儿，那么，福鼎大毫做成的银针，则是白茶中的"女汉子"。

白毫银针，名副其实，芽长近寸，银装素裹。其色泽光润，白毫满披，针梗翠绿，洁白如玉，纤细如针，翩然若仙。瀹泡后，亭亭玉立，鲜爽甘甜，毫香幽显，极富观赏与品饮美感。其中的白毫，是构成银针品质的重要因素。它不但赋予银针以幽美似雪的外观，而且也带来清雅的毫香和毫味。白毫所含的氨基酸，远高于茶体本身，这是构成银针茶汤浓度与香气的基础物质之一。

鉴于白毫所特有的高氨基酸含量，以及可观可赏的优点，白毫银针与高级白牡丹一样，应该把握良机，在其最新鲜、滋味最美妙的时候品饮掉，方不负银针的青春韶华。为乐当及时，何能待来兹？由此可见，白毫银针的压饼，更是东施效颦。压饼后的银针，不但扭曲了银针柔媚的外形，而且会在高温蒸压、干燥和后期的陈化过程中，大幅度降解了氨基酸的含量，破坏了银针毫香味醇的品饮价值。贡眉与寿眉的压饼，是因其体积较大且品质不高。而白毫银针的体量并不大，无端地去压饼，真的是得不偿失。这让我想起《芙蓉诔》中的晴雯之恨，压饼后的银针，又是与晴雯多么的相像！"其为质，则金玉不足喻其贵，其为性，则冰雪不足喻其洁，其为神，则星日不足喻其精，其为貌，则花月不足喻其色。"然则"花原自怯，岂奈狂飙；柳本多愁，何禁骤雨！偶遭蛊虿之谗，遂抱膏肓之疢。故樱唇红褪，韵吐呻吟；杏脸香枯，色陈颟颔。"如此遭遇，人茶同悲。

白毫银针，是严格采摘大白茶的茁壮肥芽制作而成的。因产地不同，其制法和品质，会略有差异。福鼎的传统银针在采制时，要选择凉爽的晴天，将鲜针薄摊于萎凋帘上，置于日光下曝晒，待含水率降低到 10%～20% 时，再摊于焙笼之上烘干。在烘干的过程中，烘心盘内要用薄纸垫衬，以防芽毫灼伤变黄。最后，用 40℃～50℃的文火，烘至足干。而政和银针的制法略有不同，因为政和大白的芽头细长，含水率高，故当中午日照强烈时，会暂时移至室内凉青一段时间，待水分分布均匀后，再进行日光萎凋，然后文火烘干。

制作银针，一般采摘大白茶或大毫茶的头春茶，以顶芽肥壮、毫心粗大的为佳。而春尾时采的茶，多为侧芽，芽头较小。夏秋茶，芽头瘦小，身骨较轻，不易沉水，等级普遍较低。采摘银针时的天气，异常重要。气温高、湿度低的晴天，茶青萎凋容易，能够做出芽白梗绿的上等银针。湿度大的晴天，茶的干燥较慢，很容易做出芽绿梗黑的次等银针。若逢阴雨天制作的银针，灰黑缺乏鲜灵度，通常称为"死针"。

银针的采摘更是讲究，基本有三种方式。第一种，是采针法，即采摘新梢上的肥壮单芽，质量上乘。第二种，是抽针法，即先采下一芽两叶，运回车间后，再进行"抽针"，把芽与后段的叶片，拗断分开，芽做银针，叶子拼入白牡丹或做寿眉。第三种，是剥针法，即先采下一芽两叶，再把叶片剥离，只剩下芽针。剥针法制作的银针，芽针上的梗较长，虽然增加了干茶重量，但却影响了银针的品质和卖相。另外，若是茶梗过长，水分容易积滞芽中造成霉变。银针的梗长，以冲泡时芽尖向上而不倒立为恰当。

另外，福鼎还存在着新工艺白茶的制法，它是在 20 世纪 60 年代，为满足出口港澳的白茶需求而发明的。新工艺白茶的茶青，与贡眉、寿眉的选料相差不多，多用价廉量大的小白茶。如果选用大白茶的茶青，多会选料比较粗老或选择夏秋茶。新白茶的工艺，一般在萎凋完成后，要把鲜叶堆积 2 ~ 6 小时，以茶青的叶茎叶脉转为红褐色、叶张色泽由浅灰绿转为深灰绿或褐色、青臭气消失及甜香显现为适度。堆积后的茶青，要经过轻度揉捻，叶张半卷，最后干燥。新工艺白茶，等级较低，色泽暗绿带褐，汤色橙红，叶底青黄，筋脉带红，浓醇清甘是其特色。市场上所见到的新压制白茶饼，多为此类。

乌龙茶篇

乌龙茶的制作工艺，
最初应该起源于武夷山，
然后影响了安溪的制茶技术，
又经安溪传到了台湾。

乌龙三红
七分绿

———

　　青茶，虽有乌龙茶的称谓，但我个人以为，乌龙茶还是无法涵盖青茶的范畴的。"青"在古汉语里，多指不同程度的绿色，但外延又极其广泛，有时指绿色，如龙泉青瓷，青出于蓝；有时指黑色，如青丝翠眉；有时指蓝色，如青花瓷、青衣、青青子衿。青茶，是指茶青在晒青、做青等酶促氧化后，呈现出的不同程度的绿色甚或黑色。乌龙茶的"乌"，是个象形字，是指乌鸦这种鸟类，"乌"由此便引申出了"黑"的含义。因此，乌龙茶多指外观乌黑或墨绿的半发酵茶。与白叶茶种相对的乌叶，则是指叶片深绿、墨绿，乃至黑绿的茶种。乌龙茶和青茶二者并用，与武夷茶早于安溪茶的起源有关。"乌龙"也包含有色泽乌黑油亮、条索扭曲似龙的外观特征。当然，乌龙茶的叫法，也与青心乌龙茶种的存在有关，如台湾乌龙茶。关于乌龙茶，还有很多传说，这类传说多为商人的刻意演绎，大多不可采信。

　　乌龙茶究竟起源于安溪还是武夷山？很多茶书认为，乌龙茶发源于安溪，可惜，找不到确切的史料作为依据。以至于人们在讲述这段历史之时，往往是一笔带过或讲个传说敷衍。个人认为，乌龙茶的制作工艺，最初应该起源于武夷山，然后影响了安溪的制茶技术，又经安溪传到了台湾。

摊晾、摇青、静置、半发酵，三分红七分绿，是乌龙茶制作的典型特征。对于乌龙茶的起源，我们能看到的较早史料，是清代康熙五十年左右王草堂的《茶说》，其中记载：（武夷茶）"茶采后，以竹筐匀铺，架于风日中，名曰晒青。俟其青色渐收，然后再加炒焙。""武夷炒焙兼施，烹出之时，半青半红，青者乃炒色，红者乃焙色也。茶采而摊，摊而摝，香气发越即炒，过时

不及皆不可。"这是能够查阅到的最早、也是最近似于乌龙茶的工艺记载。还有一段历史，是在顺治年间，崇安县令殷应寅，为提高武夷山的绿茶制作水平，把绿茶的蒸青工艺改为烘青，并专门邀请安徽黄山的僧人，用武夷山的茶青来仿制香高味浓的松萝茶。由于松萝茶的采摘是"惟取嫩叶"，估计是松萝茶的采摘要求，影响到了后世乌龙茶的开面采的习惯，之前的绿茶都是以芽为贵。清代顺治年间，周亮工在《闽小记》中记载："崇安殷令，招黄山僧以松萝法制建茶，堪并驾。今年余分得数两，甚珍重之。时有武夷松萝之目。"

清代初期，安徽茶叶的炒烘技术向福建的传播，为乌龙茶的诞生，奠定了可能的技术条件。当时的福建按察使周亮工，在《闽小记》中继续写道："近有以松萝法制之者，即试之，色香亦具足，经旬月，则赤紫如故。"从周亮工的描述可以看出，"紫赤如故"的茶，采用了烘青工艺，它不可能属于红茶，也没有做青技术的痕迹存在，更不能说是乌龙茶。鉴于此，我们只能认为：它是在存放时、经自然氧化的、非红非绿的、乌龙茶的雏形。再来分析一下，茶经旬月后，为什么会变红发紫呢？首先，可能因为茶青没有经过均匀的晒青，也没有经过反复的摇青和走水。其次，可能因为干茶没有用炭火焙透，茶叶开始返青，发生了酶促氧化所致。

陆廷灿在《续茶经》引《随见录》云："凡茶见日则味夺，

唯武夷茶喜日晒。武夷造茶，其岩茶的僧家所制者，最为得法。"
这又从另一侧面印证了，武夷茶是第一个采用日光萎凋的乌龙茶。
僧家在仿制松萝不成功后，便改弦易张，顺水推舟，如王草堂所
记："复拣去其中老叶、枝蒂"通过焙火"使之一色"，解决了
"紫赤如故"，崭新的乌龙茶，便在寺庙应运而生了。

乌龙茶起源于武夷山，还有一个重要原因，就是武夷山的
茶树，大多分布在峰岩纵深的沟壑之中。范仲淹的《斗茶歌》
诗云："终朝采掇未盈筐"，可见采摘运输之困难。茶农采茶
时，要翻山越岭，登高逐坡，茶青在茶篮里抖动碰撞，极易在阳
光下产生类似萎凋、摇青的效果，这也为乌龙茶的发端，提供了
必要的可能条件。

康熙二十二年（1683）七月，郑克塽降清。是年九月，曾为
郑成功幕僚的阮旻锡，于燕山太子峪的观音庵出家为僧，法名释
超全，后入武夷山天心永乐禅寺为茶僧。康熙四十二年左右，释
超全在厦门写下了《安溪茶歌》，其中有："溪茶遂仿岩茶样，
先炒后焙不争差。"释超全在武夷山写完了《武夷茶歌》之后，
来到安溪，看到安溪人仿制的武夷岩茶，已经达到了普通人难以
分辨的程度。他发出了如下感慨："真伪混杂人瞆瞆，世道如此
良可嗟。"安溪茶仿制武夷茶，在仿制的过程中，便把乌龙茶的
制作技术传到了安溪，并形成了看茶做茶的本地特点，这是符合
事物的发展规律的。这一点，在王草堂的《茶说》中也有记载：

"邻邑近多栽植，运至山中及星村墟市贾售，皆冒充武夷。更有安溪所产，尤为不堪。"梁章钜的《归田琐记》亦云："武夷九曲之末为星村，鬻茶者骈集，交易于此，多有贩他处所产，学其焙法，以赝充者，即武夷山下人亦不能辨也。"即使在今天的武夷山下，安溪及其周边的茶，冒充武夷岩茶的数量仍很惊人，值得学茶人警惕。

青茶，素以香高味浓著称。代表性的乌龙茶主要有闽北武夷岩茶、闽南的安溪铁观音、潮汕的凤凰单丛、台湾的冻顶乌龙、文山包种等。乌龙茶的制作工艺主要包括：萎凋、做青、炒青、揉捻、干燥等工序。

乌龙茶的茶青采摘，要求开面采，是在其芳华成熟、风云流转的那一刻。区别于绿茶、黄茶，乌龙茶种采摘成熟度较高的新梢，胡萝卜素含量高，儿茶素及咖啡碱的含量低，还原糖较高，为青茶的成熟香气和醇厚滋味的形成，奠定了物质基础。

茶青通过萎凋，散发部分水分，提高茶青的柔韧性，便于后续工序的进行。同时，伴随着失水过程，酶的活性增强，散发掉部分青草气，利于高洁的香气透露。青茶萎凋的特殊性，区别于红茶。红茶的萎凋，不仅失水程度大，而且萎凋、揉捻、发酵工序分开进行。而青茶的萎凋和发酵工序，没有明确的界限，两者相互配合进行。通过萎凋，以水分的变化，来控制内含物质的适度转化，达到恰如其分的发酵程度。常见的萎凋分为四种：晾青

武夷山的马头岩产区

（室内自然萎凋）、晒青（日光萎凋）、烘青（加温萎凋）、人控条件萎凋。

做青是青茶制作的重要环节，其特殊的香气和绿叶红镶边，是在做青过程中形成的。萎凋后的茶青，通过摇青，叶片互相碰撞，擦伤叶缘细胞，从而促进酶促氧化作用。摇青后，叶片由软变硬。再静置一段时间，氧化作用相对减缓，使嫩茎、叶脉中的水分，通过扩散作用，慢慢再均匀地流布于叶面，此时鲜叶又逐渐膨胀，恢复弹性，叶子变软。经过多次的摇青与静置，茶青发生了一系列的生物化学变化。叶片边缘的叶绿素充分降解，叶心的叶绿素保留较多，还有脱镁类叶绿素的降解产物及多酚类的转化色素等作用，形成了青茶外观的砂绿油滑，叶底绿叶红镶边的

典型特征。摇青的轻重，直接影响到内含物质的氧化程度，并导致香气的差异。做青过程的酶性氧化，影响着成品茶的色、香、味、韵的有效形成及其变化。

炒青是承上启下的转折工序，它和绿茶的杀青一样，首先，是抑制鲜叶中酶的活性，控制氧化进程，防止茶青继续红变，固定做青形成的内在品质。其次，去芜存菁，挥发掉低沸点的青草气，形成馥郁纯正的茶之真香。同时，通过湿热作用，破坏部分叶绿素，使叶色从黄绿转为黄褐色。此外，炒青还可挥发掉部分水分，使叶子柔软，促进水溶性果胶的增加，便于下一步的揉捻工序。

青茶的揉捻，通过压力破坏茶叶细胞，挤掉叶边缘的发酵部分因高温杀青形成的碎片，揉出茶汁，凝于叶表。对同样一款茶，揉成球形的费工较多，因较长时间的揉捻，使茶叶细胞的破损率增加，从而使香气变得内敛；如果做成条索状，香气可能会相对张扬些，但滋味会略显不足。这就是揉捻外形对茶叶品质的细微改变。

干燥，能够抑制青茶的酶性氧化，降低含水率，并通过非酶性的热化作用，消除苦涩因子，形成青茶醇厚回甘的滋味、红黄通透的汤色以及特有的品种香气。

武夷岩茶
别有韵

———

　　闽北的武夷山，奇秀甲于东南。在"曲曲山回转，峰峰水抱流"的沟壑溪折处，烂石砾壤上，生长着岩骨花香的武夷岩茶，有"岩岩有茶，非岩不茶"之说。

　　丹山碧水，九曲萦回，好茶尽在"三坑两涧"。三坑，分别为牛栏坑、慧苑坑、倒水坑；两涧，则是指流香涧、悟源涧。民间常把"三坑两涧"，视为正岩茶区的代表。其实，真正的"三坑两涧"，是一个大的地理概念，也是正岩茶的一个中心区域。它既是特指，又是泛指品质优异的正岩茶区。所谓的正岩茶区，即是利于茶树生长和发育得最好的山场区域之一，这个特殊的区域，基本位于武夷山风景名胜区 70 平方公里的区域范围内。例如：海拔较高的三仰峰，溪水汇流，经悟源涧，流经勾连着的马头岩茶区。其他如竹窠、水帘洞、九龙窠、天心岩、大坑口、鬼洞、状元岭等，就山场条件和岩茶的品质而言，甚至好过特指的"三坑两涧"茶区。

　　武夷岩茶生长地域的划分，始于清代。最早的文献出现在康熙三十四年（1695），蓝陈略在《武夷纪要》提到："茶，诸山皆有，溪北为上，溪南次之。园洲为下。而溪北唯接笋峰、鼓子岩、金井坑者尤佳，以清明时初萌细芽为最。"溪北，是指九曲溪到天心寺的北向。从文中所采的茶，还是以"初萌细芽为最"，基本可以认定，此时制作的茶，还是属于绿茶类。

武夷山的牛栏坑

到了雍正年间，崇安县令陆廷灿在《续茶经》引用《随见录》记载："武夷茶，在山上者为岩茶，水边者为洲茶。岩茶为上，洲茶次之。岩茶，北山者为上，南山者次之。南北两山，又以所产之岩名为名。其最佳者名曰工夫茶。工夫之上，又有小种，则以树名为名，每株不过数两，不可多得。"至此，已经窥得岩茶的模样。山场与岩茶品质的关联度，逐渐密切起来。

1943 年，林馥泉先生的《武夷茶叶之生产制造及运销》明确写道："武夷重要之产茶地，多在山坑岩壑之间，产茶最盛而品质较佳者有三坑，号武夷产茶三大坑，即慧苑坑、牛栏坑及大坑口是也。所产之茶称为大岩茶。"张天福在 1941 年的《一年来的福建示范茶厂》的报告总结中也写道："正岩，亦称大岩茶。"为什么到了民国前后，才开始强调岩茶的坑涧、岩壑小山场呢？这是因为，自工夫茶在武夷山起源并在潮汕地区发扬光大之后，茶客开始"必辨其色香味而细啜之"，这就对武夷茶提出了更高的品饮要求。为了满足这些茶客的特殊需要，大量的沿海茶商，开始在武夷山买山设厂，潜心精制武夷岩茶，如：厦门的杨文圃，漳州林奇苑，泉州张泉苑，惠安施集泉等老茶号。老茶号驻扎武夷山亲自督造岩茶，自然开始对生态绝佳的山场进行细分，自然也会对不同山场的岩茶品质，提出了更高的制作要求。而过去的武夷茶出口，是大宗茶的统购统销，注重的首先是产量，因此，不可能单独对核心的坑涧山场，提出太细、太明确的制作要求。

　　清代雍正年间，崇安县令刘埥在《片刻余闲集》中说："武夷茶，高下共分二种，二种之中，又各分高下数种。其生于山上岩间者，名岩茶，其种于山外地内中，名洲茶。岩茶中最高者，曰老树小种，次则小种，次则小种工夫，次则工夫。次则工夫花香，次则花香。洲茶中最高者，曰白毫，次则紫毫，次则芽茶。凡岩茶，皆各岩僧道采摘焙制，远近贾客于九曲内各寺庙购觅，市中无售者。洲茶皆民间挑卖，行铺收买。"刘埥记录的是自己于茶山的所闻所见，颇为真实和详尽。文中的"小种"，是专指小品种的武夷岩茶，而非今天的正山小种红茶；同样，记载中的"白毫"，也并非是白毫银针，它与莲子心一样都属于绿茶。《随见录》这样描述过白毫："至洲茶中，采回时，逐片择其背上有白毛者，另炒另焙，谓之白毫，又叫寿星眉。"叶片白毫多的，即是比较嫩的叶片。王梓在《茶说》中进一步证实了我的判断，他说："至于莲子心、白毫等洲茶，往往熏以木兰花香，其品质远不及岩茶。"当然，在清代文献中的白毫比较混乱，有时指白茶，有时指绿茶，而在外销茶中的"白毫"，一般是指红茶。

　　从文中可以看出，经过"景泰年间 茶久荒"后，清代的正岩茶园相对较少，正岩茶的产量也没多少，在市场上很难觅到，尤其是真正的"老树小种"。此景象与今天的市况有些雷同。现在新增的很多茶园，过去曾是茶农的菜地、稻田，或是山涧荒坡。近几十年，新垦的茶园面积，也比过去增加了数倍。即便如此，要寻找一泡上佳的正岩茶，仍需睁开一双慧眼。

北宋，范仲淹的"溪边奇茗冠天下，武夷仙人从古栽"，苏轼的"武夷溪边粟粒茶，前丁后蔡相笼加"，指的是流经武夷山脉的建溪，而非武夷山的九曲溪。南宋陆游曾赋诗曰："建溪官茶天下绝。"武夷茶成为贡茶，是在元代初期。明代嘉靖三十六年，建宁郡守钱业因本山茶枯，武夷山制茶技术又差，于是奏上由延平茶区来取代武夷贡茶。到了清代顺治年间，"崇安殷令，招黄山僧以松萝法制建茶"，这才为武夷岩茶的诞生，创造了可能的技术条件。为什么说武夷山当时的制茶技术较差呢？我们来看看武夷山临近的松溪县，早在嘉靖年间编制的《松溪县志》里，已经有松萝茶的记

牛栏坑核心区的盆景式老茶园

载了，其中写道："叶以谷雨前采者，制为松萝。"

自从武夷岩茶在明末清初诞生以后，尤其是在细斟慢饮的工夫茶的推动下，茶商开始推崇名岩、名丛的造势，于是茶农便在武夷山的悬崖绝壁、深坑巨谷中，利用岩凹、石隙、石缝，沿边砌筑石岸，构筑了今天所见到的别具特色的"盆栽式"茶园。

我在调查中发现，1949 年以前的近百家岩茶厂，基本为下府（厦门、漳州、泉州等地）、潮汕、广州等茶商所控制，当时的交易市场，已由下梅转移到赤石。那时的茶农，多为被茶商常年雇佣着的江西上饶和铅山的移民，茶农们一年四季管理着茶园，也担负着武夷岩茶的采摘、制作、加工等重任。精制后的岩茶，经闽南和广东，一部分在厦门、晋江、漳州、潮汕等地自销，但大部分要销往南洋诸岛及欧美国家，购买者多为华侨，因此，武夷岩茶一直就是著名的"侨销茶"。此处还要注意，大部分销往湿热的东南亚地区的武夷岩茶，首当其冲的是，需要耐得住远距离、长时间的运输而不受潮变质，这是武夷岩茶相比其他乌龙茶类焙火更重更透的根本原因。困于过去包装材料的落后，旧时茶叶的储存、密封防潮，本是个很棘手的难题。局限于民国前后的岩茶制作工艺，如果茶青焙火不透或成品茶的含水率较高，运输中的岩茶，即便密封于锡器内，或不处在潮湿的环境里，也会在短时间内容易返青或变质。长途运输的特点，及其华侨们的反复的反馈、要求，促进了武夷岩茶独特的焙火工艺的形成。

武夷岩茶的基本工艺包括：萎凋、做青、杀青、揉捻、烘焙、挑剔、复火等工序。岩茶的萎凋，如有阳光，则优先采用日光萎凋，次则热风萎凋。做青，是岩茶品质形成的关键环节，通过走水、摇青、等青、发酵等工序的交替进行，促进鲜叶边缘的摩擦和碰撞，使水分得以挥发，促进内含物质发生水解、氧化，直至叶缘细胞破损，出现绿叶红镶边，待青气转化为清香，细嗅有轻微的甜酒味，叶色黄绿，叶面凸起呈龟背形，俗称汤匙叶，说明做青适度。岩茶的杀青，主要为抑制酶的活性，固定做青形成的品质。烘焙干燥，其目的是继续抑制酶性氧化，蒸发水分，消除苦涩滋味，优化汤感。关于建茶最早的焙火认识，至少在明代已形成。《本草纲目》的《集解》耐人寻味，其中记载："近世蔡襄述闽茶极备。惟建州北苑数处产者，性味与诸方略不同。今亦独名蜡茶，上供御用。碾治作饼，日晒得火愈良。其他者或为芽，或为末收贮，若微见火便硬，不可久收，色味俱败。""日晒得火愈良"，虽然讲的是武夷溪边的建茶，但是，这也的确是武夷岩茶卓尔不群的特点。

揉捻后岩茶的初焙，又称打毛火，一般焙至七成干为适度。初步干燥后的岩茶，还属于毛茶，其香气较高，这对岩茶的制作来讲，才迈出了万里长征的第一步，尚需进一步的挑剔、分选、精制等。武夷岩茶的焙火，是正岩茶品质形成的定海神针。市场上所见到的电焙茶，很少为正岩茶。正岩茶的精制，传统上是在白露以后。白露后的秋晚，天气不太炎热，空气湿度较低，利于岩茶在开放条件下的焙火、走水、熟化。清代学者梁章钜曾说："武夷焙法，实甲天下。"此言不虚，焙火是形成岩茶独特风味与口感的关键工艺。走完水后的毛茶，仍需进一步看茶焙茶。复焙的目的，以火生香，以火生色，促进干茶内含物质的转化，进一步熟化香气，醇厚其滋味。越是等级高的岩茶，越需要文火低温慢炖，文火慢炖出好汤。恰当的火功，考验的是焙茶师傅的定力与对看茶焙火的理解。一款做工到位的传统正岩茶，干茶应兼备馥郁浓厚的焦糖香与花果香，条索油润有宝光，有火功香而无火味和焦燥气，滋味醇滑质厚，汤色明亮通透，香气清凉过喉，杯底冷香悠长，耐泡度高。尾水坐得住杯，且不苦不涩，叶底呈现出吃透火的"蛤蟆背"表征。

过去的岩茶制作，仅有走水初焙、复焙两道火即可。干茶如果因雨天或其他因素受潮，可增加一道补火。陆羽《茶经》云："茶性俭"，故茶会越焙越空。因此，干茶如果能够焙得足干，焙火次数愈少，茶的香气与品质越高。当下的岩茶比较金贵，为了提高名岩名丛的品质与避免失误，故多在茶的精制中，小心谨慎的分段焙火。但是，这并不代表茶焙得次数越多，茶的品质就会越好，其实这是一个商业的噱头和悖论。岩茶无论焙几道火，无论是焙得轻火、中火、足火，都不成为评价一款好茶的标准。好茶的前提是，要尽量降低焙火次数且要焙得通透，茶汤明亮清澈，入口要细腻顺滑。香气纯净，滋味不苦不涩，茶汤与叶底不能有青气杂味。

一款好的岩茶，仅仅有香，还远远不够。尚需要一个"清"字，"香而不清，犹凡品也。"在"清"之上，还需要"甘"，"清而不甘，犹苦茗也。"通过焙火，不仅能够祛除杂味、苦涩，还可使茶"再等而上之，则曰活。"活，即是滋味丰富，入口顺滑，香气层次感强，喉韵悠长，岩骨花香。梁章钜从静参羽士那里悟到的"香、清、甘、活"，一语道尽了喝懂武夷岩茶的密码。

沧海横流，方显英雄本色。耐不住焙火的茶，不见得是正岩

慧苑坑的老丛水仙

正坑的茶。文火慢炖的物理化学作用，是电焙工艺所无法比拟的。碳焙产生的独特辐射、穿透能力与红外作用，可促使儿茶素、醛类、醇类物质的氧化分解，并与氨基酸结合，能够衍生出新的工艺香，提高茶汤滋味的甘醇度和细滑度。尤其是针对某些特殊品种，火工把握得恰如其分，更能彰显武夷岩茶的岩骨花香。一款做工到位的岩茶，如果不受潮、不变质，一般是不需要重复焙火的，否则，会破坏岩茶陈化过程中的"后熟"作用，这就是"藏得深红三倍价，家家卖弄隔年陈"的道理所在。另外，茶的香气是挥发性物质，茶会越焙越空。早在明代，闻龙的《茶笺》就有记载："吴兴姚叔度言，茶若多焙一次，则香味随减一次。予验之良然。"

武夷岩茶，属于半发酵茶，只有焙足火、焙透火的岩茶，咖啡碱含量低，茶性近乎温而不寒，对胃肠的刺激性较小；而清香型的茶，咖啡碱的含量依然较高，所以还是寒性较重的。纵观武夷岩茶的诞生，其焙火历史的发展、焙火技术的形成，皆是当初为了适应外销茶的远距离运输、保证岩茶不变质而摸索出来的。民国三十二年（1943），林馥泉在《武夷茶叶之生产制造及运销》中写道："据茶师告知，焙火高，茶可久藏，香色均不易劣变。昔年茶叶销路不阻，焙茶火力较低，复焙时均底衬以纸。先因销路困难，闽南潮汕一带茶商，均要求高温复焙，故近除名贵茶种而外，均不用纸衬，直接烘焙。"其实，林馥泉先生讲的还是一个茶叶含水率的控制问题，本质上也是一个茶叶能否焙透的问题。

我们再来看看，清代著名医家赵学敏对于武夷茶的认知，会让我们对早期的"武夷茶"，建立一个全面的了解。赵学敏在《本草纲目拾遗》中说："武夷茶，其色黑而味酸，最消食下气，醒脾解酒。诸茶皆性寒，胃弱食之，多停饮。惟武夷茶，性温不伤胃，凡茶癖停饮者，宜之。"

上文中提到的武夷茶，"色黑而味酸"，这并不符合清代乌龙茶半发酵、三红七绿的特征，反而非常接近全发酵的红茶特征。个人以为，赵学敏记载的武夷茶，应该是正山小种红茶无疑。翻开中国茶的发展历史，我们便会发现，史料中出现的很多茶名及其所要表达的茶类，时过境迁，与现在的称谓，都有着很大的悬殊。有时候，同一个茶名，在不同的时期，也会有不同的意义。正山小种红茶，因外观色泽黝黑，最早被当地人称为"乌茶"，后称为小种红茶。17世纪以前，小种红茶因产于武夷山地区，所以，常常称其为"武夷茶"。民国二十九年的《崇安县新志》记载："英吉利人云，武夷茶色红如玛瑙，质之佳过印度、锡兰远甚。"此处的武夷茶，就是很明确的正山小种红茶。18世纪以后，外销茶中的武夷茶，有时也兼指武夷岩茶。19世纪以后，随着六大茶类体系的建立与明确，武夷岩茶、武夷红茶与武夷绿茶，在文献里才逐渐清晰起来。

在乌龙茶的世界里，要想精准地去把握武夷岩茶，并不是一件容易的事情。其原因不外乎两个方面：首先，武夷岩茶的名丛、名岩众多，即使是同一个小山场的同一个品种的茶树，也会因在坑底、坑上、岩上、或工艺等因素而造成品质的巨大差别。其次，武夷岩茶与其他乌龙茶类相比，多了道焙火工艺，于是，茶香与茶汤便发生了细微的变化，如果学茶不能深中肯綮，不明就里，就会感觉武夷岩茶比其他乌龙茶的认知难度更大。

根据林馥泉 1943 年的调查，武夷山的名丛及其花名，就多达280 个。到了清末民初，竟有千个之多。现在尚能见到的品种，按茶树生长环境命名的有半天鹞、不见天、岭上梅、过山龙、水中仙、金锁匙、吊金钟等；以茶树形态命名的有铁罗汉、水金龟、凤尾草、玉麒麟等；以茶树叶形命名的有金柳条、瓜子金、倒叶柳；以幼芽叶色命名的有白吊兰、白鸡冠、水红梅、黄金锭；以茶树发芽早晚命名的有不知春、迎春柳；以成品茶香型命名的有肉桂、白瑞香、石乳香、十里香；以传说的栽植年代命名的有正唐梅、正唐树、宋玉树；以神话传说或其他因素命名的有大红袍、白牡丹、红孩儿、水金龟。诸如此类，不胜枚举。

"武夷和雨采春丛，嫩叶蒙茸，佳名千古重。"武夷山名丛之多，令人目不暇给。水仙的兰香、肉桂的辛香、雀舌的幽香，铁罗汉的药香，水金龟的梅香、奇丹的桂花香，白鸡冠的鲜甜玉米花香等等，香气袅袅无尽，争奇斗艳，各有千秋。

九龙窠的大红袍

个人以为，无论是茶气的刚猛、滋味的浑厚，还是茶汤的细腻、香气的清幽内敛，能超过铁罗汉者无几。武夷肉桂以高香见长，吸引了很多初入门的习茶人，尤其是近几年，改种肉桂在三坑两涧等处大有燎原之势。在其他知名的坑涧，如水仙、矮脚乌龙、梅占、雀舌等品种，在被茶农毫不犹豫地挖掉后，改种肉桂、金观音、黄观音等高香品种，这并非是武夷岩茶之幸，更非是茶人之福。

对于武夷岩茶，如果单以香气而论，甚至不如闽南铁观音、台湾乌龙和凤凰单丛。岂不知武夷岩茶，自古以味见长，需味中寻香，而非以香气论高低。为什么呢？因为武夷岩茶比其他乌龙

武夷名丛白鸡冠

茶多了一道焙火工艺使然，香气更加成熟内敛，香融于水，而非仅仅浮香飘荡。很多外山茶，香高却无味厚，香扬而不幽长，缺乏岩骨，这才是正岩茶与外山茶的根本区别。宋徽宗在《大观茶论》中对建茶的鉴赏视角，值得茶农和爱茶人深思。赵佶说："夫茶以味为上，香甘重滑，为味之全，惟北苑壑源之品兼之。"其中的"香"，是融于水中，是蕴含在味中。茶中绝品人难识，自古亦然。因此，武夷岩茶的岩骨花香，是"重味以求香"，迥异于其他乌龙茶的"以香而取味"，究其本质，还是焙火使然。明白了这个道理，所有对武夷岩茶的品鉴困惑，必然会迎刃而解。

清代乾隆年间，"红粉青山伴白头"的袁枚，偏爱"吾乡龙井"，因此，他用绿茶的审美去品鉴武夷岩茶，自然是"嫌其浓苦如饮药"。等他游过幔亭峰后，悟出了武夷茶的品饮鉴赏方式，再品武夷岩茶，喜爱之心顿生。于是，他在《随园食单》中写道："上口不忍遽咽，先嗅其香，再试其味，徐徐咀嚼而体贴之，果然清芬扑鼻，舌有余甘。一杯之后，再试一、二杯，令人释躁平矜，怡情悦性。始觉龙井虽清而味薄矣，阳羡虽佳而韵逊矣，颇有玉与水晶，品格不同之故。故武夷享天下盛名，真乃不忝，且可以瀹至三次，而其味犹未尽。"

对于"岩骨花香"，初入门的茶友可能不好理解。"岩骨花香"一词的最早出处，大概出自民国林馥泉所著的《武夷茶叶之生产制造及运销》一书，其中写道："臻山川精英秀气所钟，品

具岩骨花香之胜。"岩骨，是指岩上的茶，其茶汤中感觉"有骨头"。这种骨头，是种质感、是种厚重、是种裹着芳香的啜之有物。这种粘稠细腻的物的存在，本质上体现着正岩茶内含物质的丰富性，就是陆羽《茶经》的"上者生烂石"，也是三坑两涧独具的朝晖夕阴、绝佳的生态使然。

明代吴拭在《武夷杂记》里说："武夷茶……余试少许，制以松萝法，汲虎啸岩下语儿泉烹之，三德具备，带云石而复有甘软气"。这种"云石甘软气"，是否就是岩骨呢？要进一步了解"岩骨花香"，我们不妨回味一下苏轼的"骨清肉腻和且正"，以及乾隆皇帝的"气味清和兼骨鲠"。同样是品建茶，苏轼"口不能言心自省"，乾隆皇帝"细啜慢饮心自省"，他们俩在时空上相隔数百年，但在品茶时，却是情发一处，感通一心。一个是"啜过始知真味永"，另一个是"咀啜回甘趣逾永"。他俩不谋而合地发现了武夷岩茶的品鉴要领：武夷茶的茶汤味厚，醇厚得要像鸡汤一样，咀嚼有物；气味清香过喉，香气凝聚不散与黏滑的茶汤裹夹在一起，让人如鲠在喉、回味不尽；而这种滋味的不苦不涩，谓之"和"；其"清香至味来天然"，与无杂味、无青涩气息，谓之"正"。令两人口不能言的大概是"香清甘活"的"活"字。岩茶的"活"，不仅是指叶底柔软、墨绿而有生气，也是特指每一泡茶汤的香气清和、富有变化，具备良好的层次感和含英咀华的美感。

墨绿观音
重似铁

———

　　在每个爱茶人的记忆中，都会有铁观音的幽幽兰香，余香绕齿袭人清，并且很多人最初皆是由铁观音的茶香吸引，登堂入室而爱上茶的。但是，这些人为什么又最终抛弃了铁观音呢？其根本原因在于，商人逐利，迷者追香，造成了近年来铁观音制作的嫩采摘、轻发酵、轻焙火。当下市场上所见到的铁观音，大部分呈现外观绿、茶汤绿、叶底绿，虽说铁观音属于乌龙茶，但却具备了绿茶的"三绿"特点，并且有发酵越来越轻的倾向。乌龙茶偏绿茶化了的铁观音，在品饮时，投茶量比绿茶大，茶汤比绿茶浓，苦涩度高，容易伤及胃肠。这会迫使很多人面对走清香型路线的铁观音，欲罢不能，却又不得不望而却步，这就为后来者居上的武夷岩茶的崛起，创造了巨大的历史机遇。

　　铁观音与大红袍一样，俨然已成为闽南乌龙与闽北乌龙的代名词。其实，铁观音只是闽南 64 个茶树品种中的一员。闽南乌龙茶的四大花旦，分别是本山、毛蟹、黄金桂、铁观音，而铁观音

红心铁观音的老丛茶树

又是四大花旦中的翘楚，所以，原始铁观音的品种非常珍贵。潮汕人自古至今，有饮安溪茶的习惯，常把安溪茶称为"溪茶"，又叫色种。

铁观音原产于安溪县的西坪镇，发现于清初。安溪铁观音属于中叶种，嫩梢肥壮，略带紫红，叶形椭圆，叶肉肥厚，叶尖下垂略歪，叶缘锯齿疏而钝，略向背面反卷，叶面呈波浪状隆起，具有明显的肋骨形。泡完后的叶底，特征也很明显，肥厚软亮，如丝绸缎面，少量叶尖略向左歪，当地茶农把纯正的铁观音，俗称为"红心皱面歪尾桃""歪尾桃""红心观音"或"红芽歪尾桃"等。

安溪自古山高、泉甘、雾多，本是一个山清水秀出好茶的地方，但是，随着近几年茶山的无序、过度开发，连绵的茶山上，只余丛丛低矮的茶树和状如斑马纹的裸露土壤，很少再能见到"头戴帽、脚穿鞋、腰绑带"，密布着植被、树木、花草的生态茶园，这是盲目扩张后的茶山之痛，更是安溪的茶叶之悲。真希望安溪的茶山，能够适当地退茶还林，重视生物的多样性，涵养好水土，能早日郁郁葱葱、鸟语花香。在我走过的茶山中，安吉的茶山，也存在着开发过度的弊病，这也是安吉白茶的鲜香不如早前的主要原因。

安溪地处戴云山的东南坡，地势自西北向东南倾斜，境内按地形地貌之差异，素有内、外安溪之分。习惯上把与漳平、永春、华安交界的西半部，称为内安溪；把与同安、南安接壤的东半部，叫做外安溪。内外安溪的划分，从本质上讲，是高海拔茶区与低海拔茶区的分别。内安溪山峦陡峭，属于高海拔茶区，其独特的生态环境，特别有利于鲜叶中含氮化合物与某些芬芳物质的合成与积累，使氨基酸的含量较高，呈清香型的戊烯醇、乙烯醇合成较多，而苦涩味较重的茶多酚，含量较低。此外，在海拔较高的茶区，茶树纤维素的合成速度较为缓慢，鲜叶的持嫩性增强，为优质茶的品质形成奠定了物质基础。外安溪地势平缓，多低山丘陵，土层较薄，昼夜温差小，光照时间长，不利于高品质茶的生成。"四季有花常见雨，一冬无雪却闻雷"的内安溪，主要包括西坪、大坪、长坑、祥华、感德、剑斗等十几个主要产茶乡镇。个人以为，论品质以祥华的高山茶为佳。

铁观音的鲜叶采摘，须在嫩梢形成驻芽、顶叶刚展开呈小开面或中开面时，采下两至三叶。最标准的采摘，是一枝三叶型，并做到不折断叶片，不碰碎叶尖，不带余叶和老梗。通常把从谷雨至立夏后的 5 天内所采的茶，称为春茶；把夏至前后到小暑期间采制的茶叶，称为夏茶；把立秋前后至处暑前采制的茶叶，叫为暑茶；而把秋分至寒露后 5 天内采制的茶叶，称为秋茶；市场上，多把寒露前后几天内采制的茶，称为正秋茶。安溪春季多雨，很难制作出高品质的春茶。秋季雨少，秋高气爽，做出的茶香气高扬，但茶汤的细腻度个别会较春茶稍逊，这就是所谓的"春水秋香"。如果风调雨顺，高品质的茶，仍然是休养生息过的春茶。无论是春茶或秋茶，还是以颗粒紧结重实、掷地有声，香气清雅悠长，汤感细腻，内质丰厚者为佳。

铁观音的制作工艺，可分为传统做法和清香型做法两种。

传统工艺的茶青，以 4 ~ 10 年树龄的老丛最佳。其工艺主要包括：晒青、晾青、摇青、炒青、揉捻、初烘、包揉、复烘、复包揉、文火烘干等。铁观音的晒青，一般从下午 4 ~ 5 点、阳光转弱时开始，晒至鲜叶柔软，光泽消失，略有清香。当春茶的茶青减重率约为 7% ~ 10% 时，移入室内晾青、摊放。晾青时，叶

闽南茶区的野放红芽佛手

内的水分重新分布，待晒青叶"还阳"后，即可进入摇青阶段。铁观音的老丛，叶厚脆韧，不易发酵，做青时宜重摇。铁观音的摇青，一般在下午的 6 点前后开始，持续到次日上午的 8 点左右，通常会历时 13 ～ 16 个小时。正常情况下，摇青 4 次即可，第一次摇青，2 ～ 3 分钟；第二次摇青，5 ～ 6 分钟，中间各静置 2 ～ 3 个小时。第三次摇青，是品质形成的关键环节，需摇青至茶青还阳硬挺、青气浓烈，方为适度。然后，再间隔 4 ～ 5 个小时，待青气退尽，花香初显，叶内水分明显减少，叶缘转黄红后，可进行第四次摇青。第四次摇青，要灵活掌握，摇青后，需要厚摊，促使内含物质充分转化，待花香浓郁，红边显现，叶缘被卷，待叶色黄绿时，即可转入固定做青品质的炒青阶段。

　　铁观音的揉烘，实际上包含了"三揉三烘"六道工序，依靠包揉，使茶坯条索紧结，弯曲成螺，直到塑制成型。然后通过文火慢烘，提高茶香的清纯度，把毛茶的含水率降低到 6% 左右。经过挑拣，去梗精制后的成品茶，颗粒紧结沉重，青蒂、绿腹、蜻蜓头，色泽鲜润，油亮砂绿，叶表泛白霜，汤色金黄，滋味醇厚甘鲜，香气兰香带蜜韵，耐泡且回甘好。我们借用元代诗人刘秉忠的《咏云芝茶》来形容铁观音，非常贴切。其诗云："铁色皴皮带老霜，含英咀美入诗肠。舌根未得天真味，鼻观先通圣妙香。"外观泛铁色的茶，一般多为轻微发酵茶，如白牡丹。上佳的铁观音，七泡有余香。七碗饮尽，茶气充盈，如诗人所感："待将肤凌浸微汗，毛骨生风六月凉。"

　　清香型铁观音的茶青，多选择树龄在 3 ～ 5 年的新丛，其工序相比传统工艺，少摇青，多静置，发酵轻，工序简化了许多。其基本工艺包括轻萎凋、轻摇青、轻发酵、杀青、揉捻、包揉、烘干等。夏暑茶，多借助空调降温抽湿，稳定品质。

　　清香型铁观音的轻萎凋，有利于保持鲜叶的生机和活力，萎凋程度中度偏轻，以手摸青叶有柔软感并发出淡淡清香、叶面失去光泽为宜。此时春茶的减重率，约为 6% ～ 8%，比传统工艺高 1% ～ 2%。其摇青要轻柔，避免青叶损伤，过早红变。摇青次数一般掌握在 3 ～ 4 次，时间约为 8 ～ 12 个小时，比传统工艺减少了 5 个小时左右。当摇青后的叶片呈汤匙状，青气消失，花香渐显，叶片隐约可见红点，即"一红九绿"时，立即进行杀青。

　　清香型铁观音的制作特点，决定了其外观翠绿清新，滋味鲜爽，香气清香扑鼻，汤色黄绿明净，叶底青绿或黄绿而有缎面光泽，气息上可能有微微青气、淡淡酸味。由于该工艺发酵轻，易氧化，茶烘干后必须冷藏，防止质变香消。市场上的清香铁观音，由于大部分挑拣后没有复火，故含水率较高，如不冷冻更易变质。

　　一款上佳的传统铁观音，其外观：外形紧结拳手弯；色泽：铁色蛙皮带白霜；汤色：蜜黄澄清近琥珀；香气：幽兰浓郁舌根甘。在市场上，为什么很少能见到诗中所描绘的传统铁观音呢？主要在于很多人，误解或刻意去误导了传统铁观音的制作工艺。

清香型铁观音

传统炭焙铁观音

有的茶商，把隔年卖不出去的茶叶，重新高温电焙一下，使茶的外观变黑，茶质焦炭化，重焙出类似焦糖的香气，就假托是传统铁观音或是老茶，这是极其错误的。这样的劣质茶，香气粗劣或仅余些许焦糖香，而无铁观音特有的幽微的兰花香兼果香、奶香，叶底僵硬无活力。

当很多的爱茶人，开始逐渐远离铁观音时，铁观音未来的唯一出路，就是要尽快改变茶园生态，发展有机茶，恢复传统工艺，采得不要太嫩，让铁观音重新变得像乌龙茶。但是，传统工艺的恢复，不是简单地喊喊口号那么容易，可能需要数十年，甚至是几代人的努力。比如幼嫩的新丛走水容易，却耐不住摇青和焙火，而老茶园的涵养，可能需要数十年的养护，又有谁能等得起呢？另外，还有做青技术的学习与传承；做茶人的体力和耐力；焙茶技术的把握与提高，等等因素，都不是一蹴而就的。

曾经的铁观音，清水高峰，出云吐雾，饱山岚之气，得烟霞之霭，令其他茶的清香之味难及，我为此也沉迷数年。那种味道与感觉，读读清末连横的诗，或许还能觅到。其诗曰："安溪竞说铁观音，露叶疑传紫竹林。一种清芬忘不得，参禅同证木樨心。"

凤凰单丛
数乌岽

在乌龙茶的家族里，要论香高味长、耐泡度高、香气丰富的，则非凤凰单丛莫属。

凤凰单丛，主要产自广东潮州的凤凰山。凤凰山，是由大小不等的数百座山峰构成的。西北部的凤鸟髻山、乌岽山，东部的大质山，西部的万峰山，南部的双髻樑，在这些山的山腰及山下，都是凤凰单丛的主要产区。

潮州产茶的历史悠久，是中国工夫茶的发扬地、兴盛地，但工夫茶的源头，却是在武夷山。潮州乌龙茶的历史，可以追溯到明末清初。明代万历年间，郭子章的《潮中杂记》记载："潮俗不甚贵茶，佳者多不至潮。惟潮阳间有之，亦闽茶之佳者耳，若虎丘、天目等茶，绝不到潮。"这说明在明末，潮汕地区的制茶技术较差，茶的消费水平还停留在初级阶段。康熙二十三年的《潮州府志》记载："茶，潮地佳者罕至，今凤山茶佳，亦云待诏山茶，亦名黄茶。"康熙二十五年的《饶平县志》也记载：

烟雨蒙蒙的乌岽山

"粤中旧无茶，所给皆闽产，稍有贾人入南郡，则携一二松萝至，然非大姓不敢购也。近于饶中百花、凤凰山多有植之者。其品亦不恶，但采炒不得法，以致苦涩，甚恨事耳。"这说明，到了康熙二十五年，潮汕地区的制茶技术仍没有取得实质性的进步。商贾豪门所贵所饮的茶，皆是从武夷山采购的松萝绿茶。雍正八年（1730），《潮安县志》仍旧记载："茶，潮地佳者罕至。"到了清末，同治二年黄剑的《镇平县志》记载："今邑中有所谓武夷茶者，用以饷客，盖来自崇安也。余尝至东麓山房，杨友竹出手制本山茶尖数片，瀹之隽永，不减雀舌，可见本山所产亦不恶，惜制之者无此细腻风光也。"从上述文献可以看出，在清代顺治年间，武夷山已经借助松萝茶的烘青技术，完成了蒸青茶的改造，并且在康熙年间已经诞生了乌龙茶的制茶技术，工夫茶于此也已问世。而潮汕地区，在康熙年间，仅凤山的制茶技术稍有起色，凤山黄茶才刚刚诞生。而单丛的主产区凤凰山，仍然采炒不得法，做出的绿茶依旧偏苦涩。到了同治年间，品质好的茶，还是来自于武夷山区。本地人鉴茶之优劣，还是以绿茶（雀舌）为标准，这说明乌龙茶的制法、饮法，在当地还没有得到崇尚和推广。但是，黄剑也承认，本地所产茶青的品质优良，只是制茶技术太粗糙落后了。上文中提及的"黄茶"，不同于六大茶类中的黄茶类属，可能是炒焙工艺不得法，以致干茶泛黄的绿茶；也可能是品种原因，致使绿茶的外观微黄而得名。

那么，潮州乌龙茶到底起源于何时呢？从以上史料可知，它应该诞生于武夷岩茶之后。是武夷岩茶的制作技术，影响了潮州乌龙茶的发展。早期的凤凰单丛，并没有自己的专属名字，它常被称作"广东武夷"。陈椽先生在《中国茶叶外销史》中，引述 1836 ~ 1840 年"英国输进中国茶叶花色一览"，记录有如下花色："广东武夷，福建武夷工夫、红梅、珠兰，安溪……"民国二十四年（1935）的《广东通志稿》，记载了凤凰单丛的制法："将所采茶叶置竹匾中，在阴凉通风之处，不时搅拌，至生香为度，即用炒镬微火炒之，至枝叶柔软为度，复置竹匾中，用手做叶，做后再炒，至干脆为度，即可出售。""茶为凤凰区特产，以乌岽为最佳，每年产额二十余万元。"直到民国三十五年（1946）的《潮州志》中，才明确记载了凤凰茶地炒焙两法兼用。这就意味着，到了民国前后，凤凰单丛的青茶制作技术，才基本趋于成熟和完善。

古时的凤凰茶，仅有乌龙茶和鸟嘴茶两个品种。相传南宋末年，乌岽山李仔村的李氏，开始选育品种，取其茶果茶籽，用点穴播种法在山上直播，才有了今天宋种古茶树的繁衍和传承。明代弘治年间，出产于待诏山的鸟嘴茶，已成为朝廷的贡品，又称"待诏茶"。据《潮州府志》记载："明嘉靖年间，向朝廷进贡叶茶150.3斤，芽茶108.3斤。"清康熙四十四年，饶平县令郭于蕃在《凤凰地论》一书中写道：（凤凰茶树）"干老枝繁而叶稀，询及土人，何以品种不一？山民答曰：世代相传，数百年矣。……又有龙团、蟹目、雀舌、丁香诸状。"

上述记载表明，当时的凤凰茶树品种复杂，茶农还没有意识去做茶树的选种育种工作。凤凰茶的发展，是先从野生的红茵品种中，分化出鸟嘴（凤凰水仙）和鸟嘴变种（凤凰单丛），之后，茶农把茶树由原来种植在厝前屋后，逐渐发展到开山成片种植，一步步地发展起来的。

1898年，乌岽李仔坪村的文混，爬山越岭，从去仔寮村采回大乌叶单丛进行扦插，培育出"八仙过海"单丛品种，这是一次

乌岽山黄栀香老树

革命性的成功，从此，单丛茶走上了茶树的无性繁殖之路。1979年，凤凰地处高、中山的 10 个大队，50 个村，把过去的稻田逐年改种为茶树，并从水仙茶的品种中，筛选出十大香型的茶树株系，加以培育种植，即是今天的黄栀香、芝兰香、蜜兰香、桂花香、玉兰香、柚花香、杏仁香、肉桂香、夜来香、姜花香。

　　凤凰单丛，是凤凰水仙的优异单株。它因茶树的单株形态及品味，各具特色，自成品系，故需要单株采摘、单株制作加工、单株包装贮藏、单株作价销售，通过长期的约定俗成，凤凰单丛茶便成为众多优异单株的总称。因此，单丛既是单株茶树的品种名字，又是茶叶的商品名称，也是高等级凤凰水仙的级别名称。凤凰水仙，古称鸟嘴茶，本是叶片形态殊异的地方群体种的名称。在这个群体中，按其形色，一般分为乌叶和白叶两个大类。凡叶色浅绿者，称为白叶；叶色深绿者，称为乌叶。后来，也成为等级不高的商品等级名称。不过，单丛茶的含义，随着时代的变迁，也不断地被赋予新意。1990年以后，随着扦插育苗和嫁接换种的广泛应用，很多新植的单丛茶的鲜叶，不再是单株采摘了，而成为一个大集体的株系。

凤凰单丛发展到今天，树龄在百年以上的大茶树，尚存3000余株。其名称千奇百怪，不同的命名，反映着茶树的特有风格、不同的株系或品系，以及不同的文化遗存。常见以树形命名的有大丛茶、望天茶、香仔丛、团树、鸡笼刊、娘仔伞、大草棚、草仔坪等；以青叶形状命名的有柚叶、柿叶、油茶叶、杨梅叶、柑叶、山茄叶、仙豆叶、竹叶等；按鲜叶的深浅颜色分，有白叶和乌叶；按叶子的大小分，有大乌叶、乌叶仔、大白叶、白叶仔等；按成品茶的外形特征分，有大骨杠、大蝴琪、丝线茶、面线茶、胶纸翅等；按成茶的自然花香分，有黄栀香、芝兰香、蜜兰香、桂花香、玉兰香、柚花香、杏仁香、茉莉香、夜来香、姜花香、米兰香、橙花香等；按成茶冲泡后的香气、口感、特征，又分为香番薯、咖啡香、杏仁香、肉桂香、杨梅香、苹果香、水蜜桃香等；以产地命名的，分为乌崇单丛、岭头单丛、中坪芝兰、石古坪乌龙等。

凤凰单丛，千姿百媚，独特的风韵，高扬的花香，不仅源于单丛茶的特殊内质，也与单丛茶的制作工艺密切相关。单丛的制作工艺，基本包括晒青、晾青、做青、杀青、揉捻、烘焙等环节。

单丛鲜叶的采摘，基本是在新梢出现驻芽后，采 2 ~ 5 叶。鲜叶过嫩，苦涩物质会多；鲜叶粗老，叶细胞老化，纤维素多，制成的干茶外形与滋味均会较差。其采摘时间，多选择在晴天下午的 1 ~ 4 点为佳。

采摘运回的鲜叶，要及时薄摊，日光萎凋。日生香，这是单丛茶生成优异品质的第一个重要环节。可惜的是，乌崇山做春茶的季节，多是阴雨连绵。我多次在春茶季问茶乌崇，阳光明媚的天气，并不多遇。

晒青后，叶面失去光泽的茶青，要搬入室内晾青。通过晾青，叶脉、叶梗里的水分，扩散进入叶片内的细胞，使叶片恢复坚挺鲜活的状态，俗称"回青"，为下一步的做青创造物质条件。

单丛的做青，是由碰青、摇青、静置三个过程，往返交替数次进行的。做青，是香气、滋味形成的关键工序。做青过程，要视具体的天气情况，密切关注青叶回青、发酵吐香、红边状况等细节变化。看青做青，它是考量做茶人的综合技能、水平高下的一个重要标准。不过，铁杵磨成针，并非一日之功。单丛的做青，多在夜间进行，夜间温度低，相对湿度高，有利于鲜叶的回青和操作，因此，在乌岽有"过夜是好茶"的说法。

经多次碰青后的茶青，叶缘出现了红边，叶形呈汤匙状，有清爽的花香吐出时，必须马上进入杀青阶段，用高温去抑制青叶的酶促氧化，控制茶叶色、香、味等内含物质的形成。

杀青变软后的茶叶，通过揉捻，使茶叶细胞破裂，茶的内含物质渗出后，黏附在叶面，经过生化作用，使茶叶色泽油润，滋味浓醇，较耐冲泡。

揉捻后的茶叶，要及时烘焙，若摊置过久，多酚类物质会继续快速氧化，容易使茶汤变浑，滋味寡淡，香气不足，甚至会有酸馊味道。火生色，烘焙的把握，也是决定茶品优劣的关键环节之一。

一款好的凤凰单丛，条索紧结而不松散，色泽黄褐或灰褐油润，香气高锐而清幽，持久绵长，素以花香浓郁著称。汤色金黄明亮，滋味鲜爽，回甘力强，有山韵、蜜韵。饮后齿颊留芳，叶底软亮匀整，绿叶红镶边。若论品质，单丛茶以乌岽所产为最佳。乌岽茶香在水中，喉韵尤佳，其香气细幽清远，含蓄内敛，但其冲泡时的盖香，并不如低海拔茶显得高扬。

"盛来有佳色，咽罢余芳气。"曾是我初品单丛茶的美好回忆。浸淫日久，我倒觉得，明代潮州遗民陆汉东的茶诗，更是写尽了凤凰单丛的特色与霸气。其诗曰："山中珍重寄，一啜爽吟魂。叶散香初动，杯倾气若存。"杯倾气存，反映的是单丛茶汤感的细腻粘稠，以及冷香持久的绵绵无绝。

台岛乌龙
有古风

————

　　台湾乌龙茶馥郁芳香，缤纷多彩，尤其是梨山，其细腻的花果香里，缠绕着几分高冷的凉意，尽显妖媚，很是沁人心脾。

　　台湾的乌龙茶种，最早是由福建传入，制茶技术也是来自于安溪，两岸茶情，同宗同源，一脉相承。随着台湾茶业近 200 年的发展，其清香型做法，反过来，又影响到安溪铁观音的发展。台湾引种大陆茶，及其制茶技术的快速发展，与明清以后大陆迁台居民原有的喝茶习惯有关，台湾原产的那点野茶，根本无法满足随着移民数量剧增而日益增长的茶叶需求，台湾《淡水厅志》记载："猫螺内山产茶，性极寒，蕃不敢饮。"猫螺内山，即今南投、埔里、水里地区的深山。

　　最早记录台湾茶引种自武夷山的，是连横的《台湾通史》。他说："嘉庆时，有柯朝者，归自福建，始自武夷之茶，植于鱼坑，发育甚佳，即以茶籽二斗播之，收成亦丰，随互相传，盖以台北多雨，一年可收四季，春夏为盛。"至于鱼坑的地理位置，一般认为，是在台北瑞芳镇的山区。久负盛名的青心乌龙，相传是在咸丰年间，由南投县鹿谷乡的秀才林凤池，从福州带回了36株青心乌龙茶苗，其中的12株，种在了台湾鹿谷乡的冻顶山，逐渐繁衍成今天的冻顶茶园。而青心乌龙的故乡，是在闽北的建瓯。"建溪官茶天下绝"，建瓯的凤凰山，曾是历史上最著名的北苑茶厂所在地。壑岭坑头，气味殊美的青心乌龙，是宋代制作龙团凤饼的主要原料，时移世易，本是高贵"龙种"的青心乌龙，渐渐被世人淡忘了，"世人争夸北苑茶，不识源流在建安"。

木栅铁观音的传播路线比较清晰，清代光绪年间，安溪福美村的张氏兄弟，把铁观音的茶苗和慢火焙揉的制茶技术，带到了

台湾木栅的樟湖山，于此生根发芽，逐步发展成为木栅铁观音茶区。台湾茶的真正崛起，大约是同治年间的英国人约翰·杜德推动的，《台湾通史》提到过他的壮举："乃自安溪配至茶种，劝农分植，而贷其费。收成之时，悉为采买，运售海外。"

不惟如此，清末随着乌龙茶的兴盛，优秀的乌龙茶品种，也开始在闽南、闽北之间交流移种。据民国二十九年的《崇安新县志》记载："乌龙产于安溪，清季由詹姓者移植建瓯。水仙母树，在水吉县大湖桃子岗祝仙洞下，道光时由农人苏姓发现，繁殖渐广，因名其茶祝仙。水吉方言：祝、水同音，遂讹为水仙，清末始与乌龙移植于武夷山。"从这段记载可以看出，武夷水仙移植到武夷山，也不过是百年左右的时间。

　　台湾的主要茶区，也包括台湾北部的坪林乡，古风犹存的文山包种即产于此。木栅产区，即今南里一带，是全台唯一的铁观音产区，也是四季春的原产地。传统的铁观音不去梗，一心两叶，枝叶连理，如兰似桂，兼有迷人的熟果香，微显愉悦的果酸滋味。著名的白毫乌龙，主要产自新竹和苗栗，被小绿叶蝉叮咬过的茶芽，通常会在端午、芒种前后开采制作。大禹岭产区和梨山茶区，是台湾海拔最高的高冷茶产区，茶自峰生味更圆，而尤以梨山为最。一般能称为"梨山茶"的，海拔至少要在2000米以上。这并非是说高海拔的茶一定就好，台湾也有"黄土小树出好茶"的说法。这里的"黄土"，是特指由岩石分解而成的黄色黏土，其中常含砂砾，影响着茶的特殊香气的生成。极品梨山茶的出现，还取决于天气、茶青采摘的成熟度，以及对发酵程度的把控等因素。杉林溪的海拔较高，茶园里种植的是清一色的青心乌龙，也是好茶辈出的高山茶区。冻顶的海拔较低，近几年，茶青嫩采、发酵不足，过于追求外形美的流俗，深刻影响了冻顶人的思想，历史上曾以发酵足、冻顶气、香气内敛、滋味取胜的传统冻顶茶，在市场上已少见踪影。盛名之下的冻顶茶，早已是明日黄花，其实难副了。阿里山茶区，是20世纪80年代初的新兴高山茶区，金萱浓郁的奶香，至今让我记忆犹新。随着赴台旅游热潮的兴起与影响，阿里山茶区重外形不重内质的高山茶通病，也开始在这里泛滥。

　　台湾暖热的气候特点，决定了台湾乌龙茶四季可采。春茶的采摘期，在立春后到立夏期间。高山茶和晚熟品种，开采得较晚。夏茶品质较差，但"东方美人"是个例外。芒种天热时，小绿叶蝉开始快速大量地繁殖，被小绿叶蝉啃食过的茶芽，芽叶弯曲，叶色萎黄并停止生长，这却是白毫乌龙采制的最佳时期。白毫乌龙，白毫显露，五色分明，发酵程度可达75%左右，故而汤色橘红，散发着清甜蜜香，是发酵最重的乌龙茶。坪林人称之为"红茶"，也是自有道理。好的"东方美人"，那种别有一种清幽的丛味，很像我的私房茶"一蓑烟雨"。秋茶，要在霜降之后开采，高扬的秋香，才会弥漫齿颊。真正的冬茶，要"冬芽冬采"，从小雪至小寒时节采制，冷香幽绝。禀赋了季节之气的茶，与冬季的花开一样，皆有一种冷艳之气、清冷之香。节物相催，细想如是。

青心乌龙，是台湾茶中最常见的品种，冻顶人称之为软枝乌龙。青心大冇，是桃苗地区制作东方美人的当家品种。金萱和翠玉，是台湾自主培育的新品种。金萱的奶糖香很是迷人，多栽植于海拔1600米以下的茶区。金萱的种植面积，位居台湾第二，仅次于青心乌龙。四季春，四季可采，茶树从不休眠，最高可实现一年六采，目前在台广泛种植。其他如闽南的铁观音，闽北的水仙、梅占、佛手等，也多散见于台湾的各地茶山。

台湾茶的制作工艺，与其他乌龙茶近似，也是由日光萎凋、做青、炒青、揉捻、干燥等工序构成。

茶青的采摘，原则上是要开面采，成熟的叶片内含物质丰富，

东方美人茶

涩感较强的酯型儿茶素降低了许多，有助于乌龙茶形成高香厚醇的品质特征。

茶青经过萎凋、静置、搅拌、堆菁后，成熟的对口叶要出现绿叶红镶边，待青气消退，花香呈现，就可以高温杀青了。

杀青后的茶，要及时揉捻，做成条索状包种茶的，直接焙干，即是毛茶了；若要做成球状或半球状的外形，茶叶初焙后，要继续覆炒，趁茶热软时，再用布包揉整形。

毛茶制作的最后一道工序是干燥，通过干燥环节，把茶的含水率控制在 6% 以下。然后，再进行茶的精制。台湾茶的烘焙技术非常成熟，把握得也好，很多品牌茶的稳定口感和香气，就是通过茶的拼配与烘焙提香造就的。

在台湾，经过团揉后呈半球状的茶，习惯上称之为乌龙茶；直接做成条索状的，一般称为包种茶。其实，二者都是半发酵的乌龙茶类，只不过是民间的不同称谓罢了，就像大陆的闽北乌龙和闽南乌龙一样，武夷岩茶呈条索状，安溪铁观音呈半球状。

包种茶，最早出现在坪林一带，也是旧称文山堡的地区。关于包种茶的来历，可能与过去的包茶习惯有关。记得小时候在家乡买茶，店员称完茶叶后，先把茶叶倒在裁好的四方毛边纸上，再从四面规整折叠，在封口处放一茶号的大红封贴，最后，用纸绳捆扎停妥，四四方方，煞是养眼大气，很有传统味道。因台湾的文山地区常常把茶称谓"种仔"，所以用纸包的"种仔"，习惯上简称为"包种"。还有一个说法也很有道理，在福建和潮汕地区，茶农习惯上把铁罗汉、水仙、肉桂、铁观音等叫做名丛，把青心乌龙、梅占、黄旦、毛蟹等称为色种茶，在书写过程中的"色种"二字，可能会有些潦草，常被误读为"包种"，久而久之，因袭成名。

台湾近年，由于比赛茶和旅游热的影响，使得台湾茶越来越注重外形，这点和安溪铁观音、武夷山的外山茶类似，普遍存在着茶青嫩采、轻发酵、杀青不到位、轻焙火等因素。台茶嫩采，容易揉捻成形，颗粒小巧，外观漂亮，但是，嫩叶的香气物质明显不足，酯型儿茶素明显偏高，如此绿茶化的乌龙茶，茶汤苦涩，不耐高温冲泡，清香有余而甘醇不足。最后的结局是，可远观而不可多饮焉，尤其是胃肠不好的受众。

红茶篇

中国最早出现的红茶，
是武夷山桐木关的正山小种红茶，
因此，正山小种无可争议地成为了
世界红茶的鼻祖。

红茶醉人
浓强鲜

————

　　红茶的萌芽和起源，与其他茶类的发展缺乏技术上的传承关系，至少从目前的史料与工艺上，还找不到彼此之间的必然的、密切的联系。

　　中国最早出现的红茶，是武夷山桐木关的正山小种红茶，因此，正山小种无可争议地成为了世界红茶的鼻祖。我在武夷山与桐木关内，对多位老茶人做过采访，他们几乎一致认为：红茶的出现，是在明代的某个春季，桐木关的茶厂正在制作绿茶时，突然有一支军队通过，影响了绿茶的及时、正常杀青。等军队过完后，惊惶失措的茶农回到了茶厂，茶青在自然条件下，发生了多酚类物质的氧化红变。生活在大山深处、过惯了拮据日子的村民，舍不得把变质的茶青扔掉，于是便用山里最常见、最廉价的松柴把茶烘干。如此制作的茶，只能以次品的价格，想方设法卖到异地，且须卖给最不熟悉中国茶的人，这样，茶便从厦门经荷兰商人运至了欧洲。当欧洲人喜欢上了红茶，并对红茶产生了贸易需求之后，茶农自然会按照订单开始复制、加工生产。随着红茶贸易额的越来越大，其后的桐木人，便逐渐把这种做法沿袭、传承下来，形成了今天正山小种红茶特有的传统工艺。

从上述的红茶起源可以看出，红茶工艺的出现，存在着两个破天荒。首先，红茶在制作工艺中，为什么突然会取消了绿茶的杀青工艺？其次，在红茶的加工工序中，为什么会莫名其妙地采用了烟熏工艺？尤其是烟熏工艺的出现，与唐宋以来形成的茶有"真香、真味"的理念，是格格不入的。即使是近在咫尺的武夷岩茶制作，也是禁忌烟味的，何况是清香的绿茶或红茶？罗廪《茶解》也说："茶性淫，易于染著，无论腥秽、及有气息之物不易近，即名香亦不易近。"由此可见，红茶最早在明末的出现，不可能是人为的创新，一定是在偶然的失误中形成的必然，是"柳暗花明又一村"，是苏轼所云的"无意于佳乃佳"。

正山小种红茶问世之后，在绿茶始终占主导地位的中国，几乎是没有权贵问津的，这从另一层面也进一步印证红茶的出现，确实是个偶然或者失误。一个在国内缺乏消费群体支撑的茶，是不可能有人主动去废绿改红的。幸运的是，它被荷兰的东印度公司，带到了对茶几乎没有概念的欧洲，墙里开花墙外香。

1661 年，葡萄牙的公主卡特林嫁给了英王查理二世，她把品饮红茶的奢华生活方式带入了英国宫廷，首开饮茶的高贵风气之先，其雅致的情调，引得英国权贵阶层争相效仿。随着 18 世纪英

崇山峻岭的桐木关

国下午茶的风靡，中国的红茶，一举成为英国上至贵族下到平民都迷恋的时尚饮料。英国诗人 E. 沃勒赞美道："花神宠秋色，嫦娥矜月桂。月桂与秋色，难与茶媲美。"

在中国茶的饮用史上，一直不曾被国人所待见的红茶，突逢偶然的机遇，到了异国他乡，却大放异彩，大受推崇。当桐木关的红茶被大量出口，当市场出现供不应求的时候，武夷山周边的茶企，便开始大量仿制正山小种红茶。所谓"天下熙熙，皆为利来"。清代雍正年间，崇安县令刘靖在《片刻余闲集》中记述："山之第九曲处有星村镇，为行家萃聚。外有本省邵武、江西广信等处所产之茶，黑色红汤，土名'江西乌'，皆私售于星村各行。"这说明距离桐木关最近的江西广信和本省邵武，在雍正年间，就已经开始批量仿制正山小种红茶了。大约在乾隆十五年（1750），距武夷山一百公里左右的政和工夫红茶诞生。当中国的茶叶大量输入英国，引起了英国的贸易不平衡。为了平衡贸易逆差，东印度公司决定对华输出鸦片。清政府为了保住白银和国人的健康，以及各地蜂拥而起的戒烟运动，最终引爆了鸦片战争。

鸦片战争以后，1842 年，清政府被迫签订了丧权辱国的《南京条约》，开放广州、厦门、福州、宁波、上海口岸，简称五口通商。不久以后，茶叶外销的重心逐渐转移到了上海，取代了此前红茶外销最大的口岸广州，至此，由于红茶出口量的大增，迎来了中国红茶的迅猛发展与扩张阶段。

由于出口的推动，大约在 19 世纪初的道光年间，其他各省的红茶开始纷纷涌现，红茶品种不断增多。除安徽的"祁红"外，福建的"坦洋工夫"和"白琳工夫"，湖北"宜红"，江西"宁红"，湖南"湖红"，广东"英红"，浙江"越红"，江苏"苏红"，四川"川红"等，基本都是在这个时期出现，并相继井喷式发展的。因此，如果仔细审视、梳理一下国内红茶的制作技术和传播路线，便会发现它们的启蒙和发展，都不同程度地受到了正山小种红茶的影响。

英国为了彻底摆脱对中国红茶的依赖，1849 年，英国东印度公司派罗伯特·福琼（Robert Fortune）来到了武夷山的桐木

关，他不仅盗窃茶苗和红茶的制作技术，还聘请 8 名当地的制茶师傅到印度去指导做茶。1851 年 3 月，他又把从桐木关偷到的小叶种茶树的茶籽，带到了加尔各答，种植在喜马拉雅山南麓的阿萨姆，获得成功。1888 年，英国侵占了印度，沦为英国殖民地的印度和斯里兰卡所产的红茶，因其垄断和价廉，逐渐成为欧洲红茶消费的主流。自此，中国巨大的红茶出口市场，逐步被印度、斯里兰卡和印度尼西亚蚕食掉。桐木关的正山小种红茶，乃至中国各类红茶的出口贸易，自 1897 年起，开始走向衰退没落。而后的民国战乱，日本侵华战争，导致海关口岸全部被封闭，中国的红茶出口濒临绝境，很快便在欧洲市场上几无立锥之地。于是，各类红茶企业盛极而衰，纷纷破产倒闭，很多省份的红茶逐渐式微。红茶的衰败，为白茶、青茶的崛起埋下了伏笔。

我们通常见到的红茶，一般分为条形红茶和红碎茶两类。条形红茶包括工夫红茶和小种红茶，小种红茶为武夷山桐木关所独有。我能见到的早期有年份的松烟正山小种、祁门红茶、滇红等，都是带有时代烙印的红碎茶。

红茶的制作工艺，一般包括鲜叶萎凋、揉捻、发酵、干燥等环节。红碎茶的制作过程比较特殊，鲜叶萎凋后，机器揉切替代了揉捻环节，其后，直接进行发酵和干燥。

红茶品的是甘醇，因此红茶的制作，对茶青的成熟度有一定的要求，茶青一般为一芽两叶。而桐木关高山竹林里的野放春茶，

新梢的嫩度好，多采摘一芽三叶或小开面采。这是因为随着茶青成熟度的提高，叶内还原糖和果胶的含量在增加；酯型儿茶素、氨基酸和咖啡碱的含量，会逐渐降低，到第四叶开始显著下降。另外，第四叶可能会形成黄片。若茶芽采得太嫩，茶中的内含物质较低，成茶汤薄且缺乏香气。若是茶青过老，茶汤滋味的鲜醇度与浓强感，也会显著降低。

若是选择普通的单芽茶青制作红茶，不但耐泡性差、香气和滋味淡薄，而且也是对茶资源的严重浪费。红茶不像绿茶，单芽瀹泡时，其翠绿的外形、鲜爽的滋味，极富欣赏的美感，让人恍然有"嫩蕊商量细细开"的春意。单芽茶由于内含芽笋，因此便增加了发酵控制的难度。市场上的单芽红茶，往往会发酵偏轻，容易产生草青味。特别是单芽里的酯型儿茶素含量，大大低于第一叶和第二叶，会影响茶黄素的合成量，从而使红茶浓、强、鲜、醇的特点，无法淋漓尽致地表现出来。

近几年，以金骏眉为代表的单芽红茶，破土而出，以炎烈的燎原之势，将红茶带入了一个前所未有的高速发展时代。但由于桐木关真正的金骏眉产量太低，市场仿制冒充者众多，鱼龙混杂，从而导致了金骏眉品牌的轰然倒塌。当理性的消费者，不再为市场上虚高的假茶买账，虚夸混乱的市场，很快便出现了断崖式的崩溃。这场劣币驱逐良币的游戏，既反映了市场爆炒金骏眉的功利和浮躁，也是一种绚烂之极归于平淡的必然。金骏眉的出现，虽然掀起和推动了国内的红茶热，但是，桐木关单芽茶的滥采、过采，对桐木关的野生红茶资源的破坏和冲击，也是非常严重的。这也是近几年来，正山小种红茶的整体品质难以提高的重要原因。

红茶制作中的萎凋，一般控制在 10 ~ 18 小时，使叶片变软，提高酶的活性，为揉捻和发酵做好充足的物质准备。春季做茶期间，山里多阴雨天气，茶厂一般采用加温萎凋方式。

当今的红茶揉捻，普遍采用盘式揉捻机来完成。机器揉捻相比人工，能更充分地破碎茶叶细胞结构，得到完美的条索，为儿茶素的酶促氧化创造条件。机器代替人工，是红茶制作的巨大进步。市场鼓吹手工红茶的优越性，不过是商业炒作的噱头而已。

客观地讲，批量的红茶制作，劳动强度很大，是不可能依靠手工来完成揉捻的。如果茶青揉捻不足，就会造成干茶的条索松散，茶汤的滋味寡淡，也会因茶叶组织的破坏不充分，造成茶叶的发酵不足等。在没有电力的过去，大型红茶厂的揉捻，多借助水利揉茶机。不具备临溪靠江条件的茶厂，多利用手推木制揉茶机。20世纪30年代之前，揉茶这类繁重劳动，只能依靠人工完成。在石制或木制揉茶板上，少量的依靠双手，大量的要依赖双脚并借助自身的体重，来完成茶叶的揉捻。当时的脚揉分为两种，一种是脚穿布袜，踩踏茶青；一种是脚踏布茶袋，完成装在布袋内的茶青揉捻。民国二十二年的《湖南地理志》，记载了红茶的制法分为粗制和精制两步。其中在粗制时，将在日光中晒得萎黄的茶青，"以足揉践之"。

红茶的正常发酵，是在必需的温度、湿度以及充足的氧气量等条件下，以多酚类物质的酶促氧化为中心，形成红茶的色、香、味、形等品质特征。其中，儿茶素氧化聚合生成的茶黄素，既对红茶的色、香、味起着决定作用，也是茶汤金黄、通透、油亮的主要成分。茶汤的色红，主要是由茶红素决定的。

茶山有路勤为径。当我们登过更多的茶山，走过更多的茶路，品尝到更多的头春红茶，把味蕾打开之后，便会发现：过去推崇的红茶的"红汤、金圈、冷后浑"，并非是界定高等级红茶的审评标准。很多山场好、海拔高、头春料、等级高的红茶，汤色金

过去的揉茶青石板

黄油亮，清澈通透，根本不存在冷后浑的现象。

红茶的干燥，是红茶制作中非常重要的环节。其主要目的，是钝化生物酶的活性，终止红茶的发酵过程。大部分红茶的干燥，多采用电热烘干机。传统正山小种的干燥，是把发酵到位的茶青，薄摊在竹筛里，放置到青楼的第一层吊架上，利用底层灶膛里燃烧的松柴明火产生的高温烟气，来把茶叶烘干。烘干初始，要烧大火，把控好烧大火的时间和强度，对红茶品质的形成至关重要。诸多红茶的缺陷多发于此，不得不慎。每年的暮春，我都会在桐

正山小种红茶金黄油亮的汤色

木关的深山里小住一段时间，制作私房茶"云窝老丛""红袖添香""一蓑烟雨""枞味如斯"等。制作这些高等级正山小种红茶时，对茶青的发酵和干燥这两个关键环节，丝毫不敢懈怠，必亲力亲为。即使是在春寒料峭的深夜，我也会不离左右、严密监控的。例如：上述茶在发酵时，我都会把需要发酵的茶青，安置在溪水边的阴凉里，确保空气流通，相对湿度在90%以上，温度低于28℃。长期的生产实践证明：在小溪边的阴凉处，完成发酵的红茶，花香更显且茶汤甜醇。

都云深山苦，谁解其中味？浪迹茶山，最能体现人生的苦中作乐。尝尽辛苦，却是自甘心。前年，借助红茶工艺，我做过一款野生奇种，幽香独具，汤媚水红，故取名"孤媚幽独"。王禹兄品过之后，笑着说："此茶馥郁天香，水厚汤滑，甚是难遇，简直是有毒。"一句玩笑话，"幽独"便成了"有毒"，大俗即大雅。好友晴耕，在品完库存的最后一泡"有毒"后，微信我说："您的私房茶'有毒'已品，顿觉惊艳，有解药吗？"这个问题提得真好，今后，继续深山问茶，力争做出一款让大家满意的"解药"共享。绝世好茶，只在茶山深处，如崔橹诗中描写的木芙蓉："枉教绝世深红色，只向深山僻处开。"

正山小种
桂圆汤

———

正山小种，是中国最早的红茶。在中国茶的发展史上，从来没有第二种茶，能如此深刻地左右着国内外各种红茶的发展与技术革新。

在很多文献中，正山小种有时称作"武夷茶"，有时也会明确地被称为武夷红茶。正山小种红茶，才是它的正名。国外常讲的拉普桑小种，是外国人模仿福州地方口音读出的，意即松材烟熏小种。民国以前文献里的武夷小种，多指武夷岩茶，是武夷岩茶的小品种茶或名丛等。在武夷山云窝的石沼青莲亭，立有乾隆年间的禁茶石碑，漫灭的碑文依稀可见，刻有"星村茶行办理其松制、小种二项"，碑文中的"松制"，是我们能见到的最早的关于松烟红茶的记载。其中的"小种"，是指武夷岩茶，而非小种红茶。

正山小种的"正山"地理范围，指的是武夷山桐木关内，北到江西铅山的石陇，南到武夷山曹墩的百叶坪，东到武夷山大安村，西到光泽司前、干坑，西南到邵武的观音坑，方圆 600 多平

方公里的高山茶区。在桐木关的国家自然保护区境内,深壑幽谷,松竹密布,茶以挂墩、麻粟、大竹岚、韭菜窝、双溪口、黄泥坪、古黄坪、皮坑、半山、龙渡、先锋岭、茶东坑、活龙坑、皂栗山为佳。除此之外的茶区,便是外山了。小种,是指桐木关内的菜茶群体小叶种。

1949 年以前的正山小种发展史,由于种种原因,很少有人能梳理得清楚。正山小种自诞生之日起,桐木关内最大的茶号,即是"品记"茶号,它大概诞生于清代的咸丰年间,"品记"的老板是梁炳基,当时有 99 家茶厂,遍布茶山各处。那时的洋行收茶,皆以"品记"的红茶作为标准。在 1757 年之前,正山小种红茶主要由厦门海关直接外销。乾隆二十二年(1757),清政府实行第二次海禁,规定只准广州一港对外国通商,关闭厦门等通商口岸。收购的红茶,从桐木关内运出后,先在星村集中,其后运抵江西铅山的河口镇,从河口换船,经鄱阳湖到达广州。1840 年鸦片战争以后,上海开始取代广州,逐渐成为最大的茶叶外销口岸。但其运输路线,也要先从河口镇运经鄱阳湖。从江西的运输路线开始,古代的多条茶马古道,基本会在这里重合。可惜的是,一代红茶巨贾"品记",没有后代从业继承,"品记"很快便被人们遗忘了,其在庙湾的旧居,也早已沦为废墟。

1949 年之后,梁炳基的红茶时代结束,自此,进入了茶园集体所有的计划经济时代,国内的很多老茶号,从此开始消亡。大集体时代的红茶制作，是以桐木村的各个生产队为单位，村里把生产的毛茶精制后，运到星村收购站，最后卖到建瓯，通过福建省外贸加工厂，出口国外。

星村是个古老的乡镇，距桐木关40多公里，清代曾设县于此，现在是乘坐竹筏游九曲溪的起点。清代以来，星村成为茶的集散地和外运码头，民间有"茶不到星村不香"的说法。正因为这段历史的存在，很多人习惯性地把正山小种称为"星村小种"，其实，星村包括周边所产的红茶，都属于外山茶。

市场上的外山茶，冒充正山小种红茶，不仅仅是在今天随处泛滥，在过去也很严重。1734年，崇安县令刘靖在《片刻余闲集》写道："外有本省邵武、江西广信等所产之茶，黑色红汤，土名江西乌，皆私售于星村各行。"政和县令蒋周南有诗为证："小市盈筐贩去多，列肆武夷山下卖，楚材晋用怅如何？"旧时的士人县令，良心可钦！还是敢于说真话的。到今天为止，"红汤茶"也是区别于正山茶的主要标志。桐木关正山小种的茶汤，清甜清凉，金黄油亮、通透悦目，即使是陈化已久的老茶，茶汤虽红，但其底色，依然是金黄通透，红中泛金。

1988年，改革开放以后，桐木关内成立了第一家村办企业，也就是路人皆知的桐木茶厂。当时成立茶厂的五个元老，我们应该记住，厂长是付华全，技术与采购是温永胜，会计是张美满，出纳是江元勋，仓库保管是陈生友。由于印、锡国外红茶的崛起，国内祁红和滇红等高香茶的竞争，正山小种红茶的出口，自19世纪以后，一直萎靡不振，难有起色。1998年，桐木茶厂倒闭。同年，江元勋成立了元正茶厂，但茶厂一直未能走出产业的低谷。

国内红茶的转机，出现在2004年。北京的张梦江先生，游历到桐木关的元正茶厂，首先提出要做些单芽红茶，他自费拿出五千元钱购买茶青，在厂长江元勋的支持下，由温永胜负责，采摘桐木关内野放菜茶的单芽，首开桐木关单芽红茶发酵的先河。第一次，因茶芽发酵过重，以失败而告终。随后，张梦江又拿出五千元钱，鼓励茶厂员工第二次试制。当时元正茶厂的大部分员工，都参与其中，全程人工揉捻，严格控制发酵程度，终于试制成功。试制成功的20余斤单芽桐木红茶，全部被张梦江带回了北京。就是这批茶，后被孙姓茶商在北京自上而下推广开来，金骏眉的神话由此诞生。

后来，张梦江先生做《骏眉令》一首，为金骏眉命名。其中的"金"，是指干茶芽头上局部的茶毫金黄，以及汤色的金黄油亮。"骏"，当时用的是"峻"，是指金骏眉的原产地桐木关，地处崇山峻岭。"眉"，是指单芽茶的形态，弯弯酷似眉毛。"峻"字之所以后来又改为"骏"，主要是因为，在庆祝桐木关首次成功制作单芽红茶的晚宴上，酒后有人向张梦江提议，用"骏"字更好些，骏马跑得快呀！当时，没有一个人能够预测到，金骏眉会被如此迅猛地在全国炒作起来，否则，张梦江也不可能

桐木关正宗的本山金骏眉外观

随意把"峻"字改变为"骏",这就是那一段不远的历史的真实
情况。

客观地讲,金骏眉的真正创意人和资助人,是张梦江先生。
江元勋是当时元正的厂长,是决策者。温永胜负责了茶青的验收
与具体制作过程,是真正的技术与主要制作人。如果更准确、客
观地去审视这段历史,元正茶厂的每一个员工,从采摘到试制,
大家分头协作,群力群策,理所当然的都应该是金骏眉的首泡制
作人和参与人。金骏眉的创意与制作的成功,将桐木关内的红茶
带入了一个前所未有的高速发展时代。同时,国内其他地区的红
茶,也逐渐受到深刻影响,一并蓬勃发展着。红茶在历史上,真

的是第一次被大部分的国人接受并开始饮用。从此时起，中国茶的消费市场，才开始逐渐接受红汤茶，这在饮茶史上是一个了不起的变革。

受金骏眉的影响，自2004年开始，不带松烟香的电焙正山小种红茶开始出现。市场上的正山小种，大致可分为以下几个类型：桐木关道地的单芽红茶，称为金骏眉；一芽一叶至一芽两叶初展制作的红茶，叫做小赤甘；一芽三叶乃至开面采的红茶，叫做大赤甘；从鲜叶的萎凋到焙火干燥，采用松烟熏制的条索红茶，叫做工夫松烟小种；揉切烟熏过的红碎茶，就是传统正山小种。

"山嶂远重叠，竹树近蒙笼"的桐木关，是最令我流连忘返的茶区。这里幽静清逸，少有人烟，几乎没有任何污染。在这片国内少见的野放茶区，我把自己的感受和诗心，结合清绝无染的山场特点，用心做了四款非常典型的正山小种，分别为韭春、红袖添香、携谁隐和自甘心。"韭春"的海拔最高，秉持清新的山野之气、竹木丛味，齿颊幽芬，不落俗套；"红袖添香"是竹林的野茶，熏以松烟，清凉甘甜，暖香宜人，传统亲切的犹如古典仕女。"尝矜绝代色，复恃倾城姿"；"携谁隐"，茶生烂石沃土，要涉清溪、穿竹林、向上坡行一里山路，方可身临茶境。在千年的红豆杉树与三面竹林的环抱中，右侧一溪流水，一溪风月，令人顿生"味无味处求吾乐，材不材间过此生"的感慨。"携谁隐"的茶汤，细腻稠厚，气韵清澈，桂圆味浓，间有花香，细细

桐木关的野放老丛茶树

品来，平复心绪，滋味里饱含着林泉高致与归隐之心；第四款是"自甘心"，选择头采的桐木春茶制作，一芽一叶至两叶初展，花香蜜韵，清甜润心。若能瘦形清坐，一盏在手，松籁铮然，竹篱茅舍自甘心！

桐木关山重水复，层峦耸翠，清凉得让人望峰息心。96.3%的森林覆盖率与绝佳山场，决定了真正的桐木关原产的正山小种，具备着以下的鲜明共性：茶汤金黄透亮，如色拉油般润泽，花蜜香显，韵高和寡，气息清凉纯净，耐泡且无一丝杂味。山场更佳的呈花香、果香，如"妃子笑"，散发着难得的荔枝香气。桐木老丛，茶汤粘稠，有苔藓丛味，如"云窝老丛""枞味如斯"。

熏以松烟的传统小种，喉韵清凉，桂圆味浓，其茶汤远比电焙的无烟小种要厚重许多，尤其是在陈化两三年之后，韵味更显。

在正山小种的茶汤里，其桂圆味一是指甜，二是指香。传统小种的桂圆味类的特殊的熟果香，主要是由松明烟气里的长叶烯成分决定的。传统烟熏小种陈化数年后，同样具备老茶的气足、耐泡、粘稠、清凉、饮之胃肠暖与饱腹感等特点。我珍藏着一款年份较老的正山小种红茶，它是 20 世纪 80 年代，原桐木茶厂生产的红碎茶。该茶具备典型的松脂香、薄荷凉与类水果糖的特点。早期的桐木红茶，呈现的是松脂香，而不是现在的松烟香。其典型特点，与当时焙茶所用的本地松柴有关。在那个时代，焙茶对松柴的选择，非常讲究，大多选用本地所产的、含松脂较多的松树心或者根部。自1979 年，桐木关划为国家级自然保护区以后，关内的松树不再允许砍伐，现在焙茶所需的松木，全部是从外地购进的，且松脂含量下降了许多。因此，早期传统红茶特有的薄荷凉意，在新茶中难再寻觅了。

正山小种的制作工艺，主要包括萎凋、揉捻、发酵、青楼熏焙等环节。过去传统小种的茶青在萎凋时，是薄摊在青楼的第三层晾架上，利用松烟的余热，完成萎凋环节，既节能，茶青吃烟又足。等桐木关富裕起来、人力成本上涨以后，现在多采用室内热风槽加温萎凋方式。因为桐木关做茶的春季，多是阴雨连绵，或是大雨滂沱，晴天很少。

　　很多人把过去的"过红锅"，误认为是制作正山小种的特殊工艺，但又没有几个人能够真正说得清楚。为此，我多次求证过温永胜先生及其他资历深厚的老茶人，并结合当地的史料进行考证，得出的结论基本是一致的。所谓的"过红锅"，并不是红茶制作的必需工艺，它是为了弥补过去茶青因揉捻、发酵不足的缺陷，而设置的一种补救工艺措施。当红茶的制作，普遍使用机械揉茶之后，茶叶细胞组织的破损率一般会达到80%以上，茶青发酵不足的难题解决了，因此，"过红锅"工艺的消失是必然的。

　　温永胜先生说："在早期的桐木，还没有揉茶机械，或人力揉茶机械比较落后，此时红茶的揉捻，完全要依靠人力完成。到

发酵到位的桐木茶青

了做茶季节，茶青多，效率低，劳动强度大，采摘得较为成熟的茶青，往往会存在着揉捻与发酵不到位的缺陷。针对这种情况，需要及时把这些茶青分拣出来，全部摊放到烧热的铁锅内"过红锅"，受热变软后的茶青，揉捻会变得相对容易，红锅产生的湿热作用，使之发酵充分，彻底消除了茶叶的青涩气味。"

温永胜先生寡言少语，生性敦厚，是一生从事红茶制作的资深专家，我很认同他的解释。还有人说"过红锅"是红茶的杀青工艺，这是不对的。因为，红茶是全发酵茶，必须充分利用多酚氧化酶的活性，才能形成红茶"红汤红叶"的品质特点。所以，在红茶的制作过程中，不可能存在终止酶促氧化的杀青环节。仔细想想，在红茶的干燥环节，实际上已经包含了利用高温迅速终止酶促氧化的功能，再过红锅，实无必要，多此一举。

当下很多人，之所以对过红锅工艺形成误解，还有一个重要原因，即是把红乌龙与正山小种的制作工艺混为一谈。红乌龙茶，最早即是冒充正山小种的"江西乌"。过去桐木关、祁门、修水等很多茶区都有生产。清末胡秉枢在《茶务佥载》说："乌龙，以宁州最佳。"指的就是宁红中的红乌龙。并且胡秉枢还在书中详细记载了红乌龙的制法：茶青采摘后，先在太阳下晒至柔软，压入器内发酵，"约片刻后，其叶由青色尽变微红，而后放进烧红之铁镬内炒之。"等杀青完毕后，再移至微热锅内随炒随揉，之后再发酵使其叶变成红色焙干。

祁门红茶
群芳最

————

我第一次问茶祁门，是在 2006 年的春天，杜鹃花开满了山野。满城尽带桂花香的金秋，我再次走进祁门。能让我第三次来到祁门，是因合一园的那款 2008 年的"红香螺"，外形乌润，卷曲似螺，金毫显露，红汤金圈，有着浓郁的玫瑰花香。第四次又访祁门，却是在飘着雪花的初冬，道旁的山茶花，开得正艳，雪花停驻在蕊黄瓣红的花朵上，有着语言难以形容的清美。

祁红作为世界三大高香茶之一（还有斯里兰卡的乌伐、印度的大吉岭红茶），又称"群芳最"，确实散发着迷人的魅力，让人驻足再三。传统的祁门红茶，采摘精细，焙作考究，干茶紧结细长，乌油黑润，谓之宝光。汤色红艳明亮，叶底细嫩匀齐，滋味鲜醇甘浓，香气为典型的玫瑰花香。2012 年，我收购的那批 20 世纪 80 年代的老祁红，就是原国营祁门茶厂生产的特茗级红碎茶，有着馥郁的玫瑰花香。对于祁红的玫瑰花香，尽管有人形容为蜜糖香兼兰花香，或是蜜糖香兼成熟的苹果香，但是，这种带有地域特征的祁门香，一定是清甜久长的高香，不能带有青气、草香或闷闷的红薯香。日本人很迷恋祁红的玫瑰花香，他们的权威学者经过深入研究证实：祁门红茶的香气，主要是由祁门原生群体种的槠叶种决定的。利用槠叶种茶青做出的干茶，其玫瑰香型的牻牛儿醇与类似玫瑰花香的 2- 苯基乙醇的含量较高，这正是该种特殊香气产生的物质来源。当然，祁红的香气，还与历口、闪里、平里等地的特殊山场、工艺条件等有关。

历口和平里，是祁门红茶的历史发祥地。在这片僻静的茶的圣土上，我曾疑惑过，为什么会有如此多的老字号出现？经过走

祁门历口的茶山

访调查得知,过去的老茶号,不单单是卖茶,他们几乎都介入了茶的后期制作,都有着自己的技术标准,其功能和现在的茶厂近似。据很多老人回忆,每年春季的谷雨前后,当地茶农卖给茶商的产品,大都是刚刚揉捻发酵完的、湿漉漉的茶青。茶商们在验收茶青时,常对记账的同事喊道:"双踩双掐,一等鲜红。""双踩"说的是,在没有机械揉茶机之前,红茶的揉捻,全部是靠穿着步袜的双脚,在揉茶桶里或揉茶板上,把茶青踩成条状或团状,然后再用手搓开、抖散。由于当时生产力与生产工具的落后,当时做茶全靠人力,可见老一辈人制作红茶的辛苦。

旧时的茶号、茶行、茶栈、茶庄之间,区别很大。茶号,系季节性经营,相当于现在的茶叶精制公司,从茶农处收购毛茶或发酵后的茶叶湿坯,进行后期的加工、精制,而后行销。茶行,类似做中介的牙行,为各茶号介绍买家,从中收取佣金。茶庄,是茶叶的零售商店,以经营内销茶为主。茶栈,一般设在上海、广州等外销口岸,它是专门从事茶叶出口的中介机构,也向茶号贷放茶银。

在汤显祖"一生痴绝处,无梦到徽州"的绮丽画卷里,峰峦叠嶂、

静清和收藏的老字号印章

青山绿水的祁门，一点也不逊色。它地处黄山山麓，古有"梅城"之名。唐代白居易的"前月浮梁买茶去"，有相当一部分茶，即是祁门所产。唐代杨晔的《膳夫经手录》写道："歙州、婺州、祁门、婺源方茶，制置精好，不杂木叶。自梁、宋、幽、并间，人皆尚之。赋税所入，商贾所赍，数千里不绝于道路。其先春含膏，亦在顾渚茶品之亚列。祁门所出方茶，川源制度略同，差小耳。"这段手记，证明了祁门的方形饼茶，在唐代与顾渚紫笋贡茶相比，已在伯仲之间，并且凭借其过硬的质量，人皆尚之。但真正让祁门之茶名震天下的，还是在清代祁门红茶的问世之后。

关于祁红的诞生，有着太多的传说和故事。我经过详细考证，个人认为，祁红的问世，主要与辞官归来的崇安县令余干臣有关。他首先把正山小种红茶的制作技术，带到了祁门县的历口、闪里等地，但因当时的祁门群山环绕，交通闭塞，对那些世代只做绿茶的祁门人来讲，要想在短时间之内完全接受红茶，是根本不可能的。因此，余干臣的由绿改红，一定是阻力巨大。恰恰在这个关键节点上，平里镇有个开明进取、家国情怀较重的读书人胡元龙，他第一个接受了余干臣的建议，并在光绪年间，号召茶农垦荒山千余亩，开始大面积地推广种茶。在其后的祁红创制过程中，胡元龙又专程去江西修水的宁红产地，重金聘来技术高超的制茶师傅舒基立，借鉴江西宁红的制作技术，终于使祁红以其高香名满天下。这段历史读来耐人寻味，试想，如果余干臣不把福建红茶的制作思想带进祁门，在世产绿茶的茶乡，胡元龙不可能产生绿改红的念头。如果胡元龙不重金请来制茶师傅舒基立，不借助于宁红的制作技术，祁门红茶的试制和改良，也不可能在短期内取得圆满成功。因此可以说，余干臣和胡元龙，都应该是祁门红茶的创始人和鼻祖，不能厚此薄彼，这才是比较公正客观的评价。

为祁红诞生植入思想的余干臣，生卒年不详，后来竟销声匿迹了，没有留下任何可以追溯的文字记载。胡元龙留下了泽被后世的"日顺"茶庄老号，还有一副感人至深的对联："垦荒山千亩遍植茶竹松杉而备国家之用，筑土屋五间广藏诗书耒耜以供儿孙读耕。"

祁门山清水秀，的确是个能出好茶的地方。民国初年，全县有据可查的老茶号，共有200多家。我在调查中，还发现了一个意味深长的现象。祁门虽是历史悠久的著名茶乡，但其制茶技术，基本都是从外向内输入的。祁门著名的凫绿，其炒制技术源于相邻的休宁松萝茶，茶做完以后，又要运到屯溪去贩卖，故属于屯绿之一。红茶的制作技术，是由余干臣引进的，胡元龙在改良祁红期间，又借鉴了宁红的制茶技术。默默无闻的安茶，是黟县的孙启明引进并推广的。更有意思的是，余干臣和孙启明，又同为黟县人，均是为了茶而客居他乡，终老祁门，令人唏嘘。

祁门红茶的制作，大致分为初制和精制两个阶段。初制阶段包括萎凋、揉捻、发酵、干燥等环节。精制则包含毛茶的筛分、

分选、拣剔、复火、匀堆、拼和、装箱等工序。精制是对初制毛茶品质的提高和升华。精制后的祁门红茶，尤其费尽工夫，故称为祁门工夫红茶。

祁门红茶的原生槠叶种，属于中叶种，现在的采摘时间，一般在清明前后。过去的祁门红茶，头采要做成屯绿，春尾的茶才做红茶，故采摘得要晚一些。在胡廷卿的《春茶总登》账本上写着："光绪辛卯年三月十二日，谷雨后三日，开山采摘。"从胡廷卿的记录可以看出，过去制作祁门红茶的茶青，不像现在那么细嫩和注重外形。那时采摘的鲜叶，多是带有嫩梗的半成熟叶，

茶的香气会浓郁很多。到了 20 世纪 50 年代，祁门红茶有了地方标准，规范了制作工夫红茶的标准茶青，以一芽二、三叶为主。现在的红茶，采摘日趋细嫩，多为一芽一叶，甚至是单芽，并非红茶之福，往往是苦涩较重，好看不好喝。

祁门红茶的揉捻，有利于红茶特殊香气的形成。揉捻轻重缓急的不同，可能会影响到干茶香气与汤感的细微差异，这就是好的制茶师傅手上功夫的妙不可言。

祁红的发酵，其实是儿茶素，在多酚氧化酶作用下的氧化过程。当茶青的青草气息消失，红变叶弥漫着青苹果香或花果香时，就可以进行干燥、终止酶的活性了。过去做茶，还没有专门的红茶发酵间，茶农会把人工揉捻完的茶青，放到木桶或竹篓里压紧，然后盖上湿布，放在阳光下焐晒，直到茶青呈现古铜色并有花果香出现为宜。过去的老茶号，收购的就是发酵至此的茶叶湿坯。

祁红的干燥，分为毛火烘干和足火烘干两道程序。毛火讲究高温快速烘干，让茶叶迅速停止发酵；足火遵循低温慢焙的原则，使低沸点的青草气息挥发掉，保留高沸点的花果香成熟物质。

初制完毕的毛茶，要历经更见工夫的精制，才会成为商品出厂外卖。祁门红茶，按工艺可分为工夫红茶、毛峰和红香螺三类。祁门工夫红茶，如果细分，又可分为礼茶、特茗、特级和一到七级红茶。所谓工夫红茶，即是制工精细的茶。最早武夷岩茶和红茶都有工夫茶的类别，民国以后，就专指精制后的红茶了。《湖南地理志》记载过粗制红茶与工夫红茶的差别，"十斤，可得精制红茶七斤或八斤"，可见，制作工夫红茶的损耗，还是很大的。

滇红湖红
竞生辉

———

滇红，是云南红茶的统称。中国机制茶之父、滇红创始人冯绍裘，在《滇红史略》中描述道："滇红以它特有的香高味浓而著称于世，以它独特的形美色艳驰名中外。"传统的滇红，选用的是凤庆茶区的大叶种茶青作为原料，叶嫩毫美，茶多酚含量高于中小叶种，经过发酵后的茶黄素、茶红素含量较高，咖啡碱和水浸出物也高于其他茶种。

滇红的发展历史并不算长。1937 年，卢沟桥事变以后，日寇大举侵华，内地沦陷，战火蔓延到祁红、闽红等茶区。当时的国民政府为了出口创汇，于 1938 年，中国茶叶总公司委派冯绍裘、范和钧等人，分别赴顺宁（凤庆）、佛海（勐海）等茶区考察，研究如何利用云南大叶种鲜叶改制红茶的可能性。1939 年，冯绍裘筹建的顺宁实验茶厂（凤庆茶厂前身），采取边建厂边投产的方式，当年生产工夫红茶 16.7 吨，最初定名为"云红"。1940 年的云茶公司，采纳香港富华公司的建议，将"云红"改为"滇红"销往英国。据当时的知情者回忆：冯绍裘在 1939 年受任顺宁实验茶厂厂长之后，亲自设计制造三筒式手动揉茶机，首创机制滇红之先河。但在工艺上，基本沿袭了祁红的制作技术，因此，滇红既具有祁门红茶之香气，又有印、锡（斯里兰卡）红茶之色泽。同年 9 月，佛海实验茶厂（勐海茶厂前身）成立，也试制出了品质较好的滇红。1941 年，佛海实验茶厂通过缅甸仰光，销往香港 183 箱红茶，此外，还有一定数量的普洱茶和绿茶。

滇红的主要产区，分别为云南澜沧江沿岸的临沧、保山、普洱、西双版纳、德宏、红河 6 个州市的 20 余个县区。茶青采摘以一芽二、三叶为标准，经过萎凋、揉捻、发酵、干燥等工序精制

云南大叶种古茶树

而成。云南大叶种的特点，决定了滇红工夫茶的芽叶肥壮、金毫显露、汤色红艳、滋味浓烈、香气馥郁，呈蜜甜的兰花香等特征。其干茶，色泽乌黑油润，条索较大，耐泡度高。

近年的滇红品质，与普洱茶的市场形成跷跷板效应，市场很少见到干茶乌润、身骨重实、芽毫嫩黄、叶底嫩匀的春茶料滇红。相反，制作滇红的夏秋茶，最易显毫。其中，芽毫显菊黄、叶底较硬、芽叶节间长的，多为夏茶；毫密呈金黄，外观最漂亮的，多是秋茶。秋茶比重略轻，几乎不沉于水。春茶香浓汤细，夏茶水粗微苦，秋茶香扬水薄，不管其外观如何，好茶还是以重实耐泡、水细汤滑、香气馥郁有蜜韵、无青气杂味者为上。

国内的大叶种红茶，除了滇红之外，还有近年被人遗忘的湖红。冯绍裘先生在创建滇红伟业之前，曾是安化茶场的首任场长，为安化红茶、江西宁红、祁门红茶的品质提升与机制茶的推进，耗费了大量心血。这些技术进步，均为滇红的顺利研制，奠定了坚实的基础。冯绍裘先生在成功推出滇红之后，滇红逐步开始挤压和取代湖红的市场，一度与祁红和建红，三足鼎立于国内外的红茶市场。

大约在咸丰年间，当武夷山的正山小种红茶外销，处于供不应求之时，湖红工夫茶首先在安化诞生，临湘继之。据《安化县志》的记载，湖红最初兴起时，茶商打包封箱，冠以正山小种之名，竞相冒充武夷红茶以出售，销路非常之好。后来发现安化红

茶清香味厚，不亚于武夷，于是，湖红便公开以"安化"字号，进入国际市场，畅销西洋等处，以至享有"无安化字号不买"的崇高声誉。从这段历史能够看出，湖红的茶青，采用的是大、中叶种，要比正山小种味厚耐泡、香气高扬。从宣统二年（1910）的《湖南乡土地理参考书》记载可以看出，当时的湖红制作，是"日晒水色微红"，属于晒红茶。若逢雨天，用火焙干。

湖红的兴起，与湖南安化的山高地僻，茶多价廉，以及广东茶商因战争阻隔、无法去湖北通山收购廉价红茶而取道安化有关。同治十年（1871），《安化县志》记载：太平天国时，"洪杨义军由长沙出江汉间，卒之，通山茶亦梗，缘此估帆取道湘潭，抵安化境，倡制红茶收买，畅行西洋等处，称曰广庄，盖东粤商也。"文中的"通山"，是指湖北的通山县，历史上曾产云雾茶入贡。《明史·食货志》记载："茶皆出兴国军，近则蒲圻、崇阳、通山为最。"从粤商指导安化制作红茶可以看出，当时湖北一带的茶，基本都属晒红茶。同治六年的《通山县志》记载："茶有红、黑二品，随人自为。"

通过上述史料分析，湖红的起源，是为了冒充正山小种红茶出口，在技术上直接借鉴了湖北通山红茶的晒红工艺。而通山红茶，是在道光四年（1824），粤商借鉴宁红茶的制作技术发端的。江西宁红的产生，大约是在道光元年（1821）。而宁红是在江西河红的影响下发展起来的。这又是为什么呢？因为江西铅山，本也是桐木关的一部分，武夷茶的外运，铅山的河口镇是首当其冲的第一站。清代乾嘉时期，河口镇逐渐成为武夷茶的贸易和精制中心，河红大概是在这样的技术背景下产生的。

道光年间，宁红声名益著，闻名于世，逐渐开始影响到湖北、湖南、安徽的茶产区。过去，湖南平江县长寿街及浏阳大围山的红茶，因靠近江西修水，而归入宁红工夫茶，并不属于湖红。江西修水的产茶历史，可上溯到唐代。宋代黄庭坚父子推赏的"双井茶"即产于此。"双井茶"在宋代，是有据可查的为数不多的蒸青散茶之一。欧阳修饮后，"一啜犹须三日夸"，赞誉其为"草茶第一"。

湖红的衰落，与其它仅依赖出口渠道的红茶一样，销售市场过于单一。随着价廉量大的印锡红茶的崛起，湖红乃至中国其它红茶的出口量，便开始锐减，特别是在1941年太平洋战争爆发之后，海运中断，安化红茶的生产与运销几近停顿。

2015年初冬，我在安化洞市老街一座古老的木楼上，淘得一竹篓早期的老湖红，干茶虽经岁月，色泽依然乌润，条索粗大。开汤后，色如血珀深沉内敛，红中泛金，香高犹如橘皮，清凉润喉，滋味浓厚，很像陈年的千两茶，汤滑质厚，三碗可发轻汗。瀹泡数十水后，叶底完好，质地柔软，叶长而宽，活性十足，依稀还能辨出中、大叶种茶青的旧时模样。

湖红，主要产自安化、新化、涟源、桃源一带。湘西石门、

慈利、桑植、大庸等县市所产的工夫茶，历史上归属于湖北宜红。宜昌红茶，大约问世于道光末年（1851），至今也有百余年的历史。1861 年，汉口被列为通商口岸，英国即设洋行，大量收购红茶，因交通原因，由宜昌转运汉口出口的所有红茶，均取名为"宜昌红茶"，"宜红"也因此而得名。恩施与宜昌地区是"宜红"的主要产区，巴山峡川的这片茶区，曾是中国最美、最古老的茶区之一。

　　湖红，属于全发酵的红茶，由于茶多酚的酶促氧化，产生的茶黄素含量较高，茶汤金黄。与安化黑茶相比，虽然干茶色泽相近，滋味类似，但湖红更加浓强鲜爽，香气高扬。安化黑茶，在前期渥堆和后期陈化的过程中，由于微生物的参与，茶内质发生了更为深刻的变化，因此，安化黑茶的香气低沉，其滋味更加醇和甘甜。

黑茶篇

黑茶，又叫番茶，
是内地茶区和北方
少数民族地区
在茶马交易的过程中，
演化发展起来的茶类。

黑茶边销
后发酵

——————

　　黑茶，又叫番茶，是内地茶区和北方少数民族地区在茶马交易的过程中，演化发展起来的茶类。古时候，蒸青团茶运输到边塞地区，需要肩扛马驮，长途跋涉，期间由于湿热作用，使茶叶发生了多酚类物质的氧化聚合，碧绿的蒸青绿茶，运到了遥远的目的地，因绿茶的叶绿素脱镁反应，其外观自然氧化变成了黑褐色或乌黑色，习惯上，人们称之为"黑茶"。

　　关于黑茶的记载，最早见于明嘉靖三年（1524）的御史陈讲奏疏："以商茶低伪，征悉黑茶。地产有限，仍第为上中二品，印烙篦上，书商名而考之。"此处的"黑茶"，指的还是四川的"乌茶"，与《明史·食货志》记载的明代洪武初年"又诏天全六番司民，免其徭役，专令蒸乌茶易马"的"乌茶"，是同一种茶类的两种称谓。此时，陈讲为什么要强调征收的黑茶要"印烙篦上，书商名而考之"？据《明史·食货志》记载：这是因为番人不熟悉汉地的权衡称重，只能按照茶包的篦数来换马。

江南德和老号的千两茶

黑茶中的"金花"分布

到了正德十年，巡察御史王汝舟规定："酌为中制，每千斤为三百三十三篦"，这样就彻底解决了过去以茶易马的"篦大，则官亏其直，小，则商病其繁"的交易难题。

从上述记载可以看出，最早的四川乌茶，乃至嘉靖年间的"黑茶"称谓，都是指的边销茶的外观色泽。当少数民族地区的人们，感觉经过沿途运输、自然湿热发酵的"乌茶"好喝顺口的时候，自然就会对乌茶形成需求。所谓市场，其本质就是刺激欲望，满足需求。因此，到了明代洪武二十一年（1388），便"专令蒸造乌茶"，这个诏令传递出来的信息非常重要，这充分说明了，在1388年，四川天全已经开始专门加工四川乌茶了，是否已经有意识地对茶青去主动沤堆、着色？是否已经掌握了黑茶的初步制作工艺？还不好定论。据明代万历年间王圻的《续文献通考》记载：是年正月，礼部主事高惟宁上书，提出"土瘠人繁，每贩碉门乌茶等博易，羌货以赡其生，乞许天全六番招讨司八乡之民，悉免徭役，专蒸乌茶运至岩洲，置贮仓收贮，以易番马，比之雅洲易马，其利倍之"。这段文字，其实是对嘉靖年间杨时乔《皇朝马政纪》记载的转述。此时的"碉门乌茶"，因为增加了仓贮、陈化这一关键的加工环节，已明显不同于之前的蒸青乌茶。这说明，经过人为的仓储陈化，茶的青气和苦涩味，已经明显减轻；汤色氧化得红黄明亮；滋味变得更加甘甜醇和，其价值较原来的粗老绿茶，当然会"其利倍"之了。

综合以上文献可以推断，明代初年专蒸的四川乌茶，可能仍是通过湿热作用、来破坏叶绿素、去除青涩滋味的粗老绿茶，茶青只是在颜色外观发生了褐变，其本质上仍然还属于蒸青绿茶，仍然需要通过进一步的储存，增加其自然的氧化、发酵程度，才能达到初级阶段的黑茶品质。因此可以讲，四川乌茶应该是当之无愧的中国黑茶的最早雏形与启蒙者。

我们把视线转移到唐宋时期，便会发现，在那时，茶青细嫩、等级较高的蒸青团茶，产量稀少，且掌握在当朝的达官贵族手里，只有粗老绿茶的蒸压片茶，才会被运送到边区易马。另外，即使早期供应边疆地区的黑茶，采用嫩度较高的茶青加工而成，也会因产量的原因，局限于西北地区的上层社会饮用。到了宋朝末年，西北地区由于人口激增，出现了"黑茶供应不足，请奏增加生产，运销西北各省"的奏章。在无法解决茶叶供需矛盾的窘境下，临近少数民族地区的四川茶区，只有供应更粗糙、粗老的茶叶，"以充其数"，勉强完成朝廷下达的生产任务。元代马端临的《文献通考》记载：自宋熙、丰以来，蜀茶"旧博马皆以粗茶"。这个粗茶是什么样子呢？《明史·食货志》说："名曰剪刀粗叶，惟西番用之。"光绪十二年的四川《灌县志》记载："其连枝叶砍者，名马茶。"即没有芽头，谷雨后连枝干一块采下的粗枝大叶茶。

五代时，毛文锡《茶谱》记载的湖南潭、邵之间的渠江薄片："其色如铁，而芳香异常，烹之无滓也。"其中的"其色如

深山里的野放茶青，完全依靠人工肩挑出来

铁"，虽然也是外观呈乌色或深绿、黑绿色，但这种色泽，是较嫩茶青蒸压后所具备的基本特征，它仍属于蒸青绿茶，尚不具备黑茶的明显特征。

四川供应边区的由粗老绿茶蒸压而成的片茶，因受古代运输条件和包装材料的局限，加之路途遥远、天气多变、风雨交加，等到简易包装的茶叶运到边民手里，至少是数月之后的事了，茶叶经此发生湿热发酵、氧化红变，其色泽变得黄褐、黑褐，应该是非常普遍、非常自然之事。人们在饮用时，无意中会发现，粗老绿茶经过不同程度的自然氧化或自然储存、沤堆后，颜色愈加发乌、变黑，汤色由黄变红，粗青气消失，滋味不苦不涩了。边民不断地将蒸青绿茶的饮用变化和消费信息反馈给茶区，各茶区于此得到启示，并不断地通过模仿、调整与改进制作工艺，不断磨合，待以时日，便陆续产生了今天的各种黑茶。

纵观历史上的茶马交易制度，历时千年，兴于唐，盛于宋，歇于元，严于明，止于清。尤其是以明代管理最为严格。北宋初期，沿袭五代的榷茶制，茶叶实行政府垄断专卖，过去作为取货凭证的茶叶交引，在宋仁宗嘉祐年间改为茶引，茶引即卖茶许可证。商人凭茶引才能把茶从产区贩卖到边疆地区。到了明代，政府制定了更严格更严密的茶法，明太祖洪武三十年颁布的《大明律》，就有："凡贩私茶者，同私盐法论罪。"同年，驸马都尉欧阳伦，由陕西贩私茶至河州，就被赐死伏诛，茶货没官。此时政府严管的茶，大致分为商茶，官茶，贡茶三类。商茶行于江南，征收园户茶课和商人引税。官茶行于陕西汉中和四川地区，储边易马。到了明朝正德年间，明武宗允许番僧携带私茶开始，私茶开始泛滥。此时，汉、川茶少、味薄、价贵，而湖茶量大、味厚、价廉，巨大的利差致使晋、陕商人，从酉阳越境进入安化贩运私茶，从此刻起，湖南黑茶便应运而生了。由此可见，湖南安化黑茶，是外省第一个率先仿制四川乌茶而取得巨大成功的茶类。早期的安化黑茶，用锅炒青，以柴火焙，其外观色泽益加黝黑，故名黑茶。

当番人喝到便宜而又滋味好的安化黑茶之后，便不肯与川茶易马。明朝万历二十三年，御史徐侨上奏称："汉、川茶少而值高，湖南茶多而值下。湖茶之行，无妨汉中。汉茶味甘而薄，湖茶味苦，于酥酪为宜，亦利番也。"据《明史·食货志》记载："户部折衷其议，以汉茶为主，湖茶佐之。各商中引，先给汉、川毕，乃给湖南。如汉引不足，则补以湖引。报可。"自此，安化黑茶才被纳入官茶管理。那么，此时的湖茶为什么会味苦呢？最重要的原因是，湖茶采得比汉、川之茶细嫩，且又是春茶。嘉庆二十五年的《嘉庆通志》记载："谷雨以前之细茶，先尽引商收买，谷雨以后之茶，方许卖给客贩。"

自从安化黑茶屡经私茶交易而被明朝纳为官茶管理之后，四川所产的乌茶，因茶味淡薄，被迫主要销往康藏一带。西北地区的茶需，逐渐被品质更佳的安化黑茶取代了。清代顺治十八年，清政府应达赖喇嘛的要求，在云南永胜开设茶马互易市场，云南生产的普洱茶，方正式销往西藏的西南部和云南西北部的藏区。广西的六堡茶，由于水路运输的便利性，主要由粤商销往两广、港澳和东南亚的华人聚居区。

我们常见的黑茶类，主要包括云南普洱茶，湖南的黑茶、茯砖，广西的六堡茶，四川的藏茶，湖北的青砖茶，祁门的安茶等。

渥堆，是黑茶类区别于其他茶类的一个特殊工序，也是黑茶品质形成的一个最为关键的环节。俯视黑茶的制作工艺便会发现，黑茶的前段做法，很像绿茶，在杀青时，必须迅速提高鲜叶杀青的叶面温度，确保多酚氧化酶，在短时间内被灭活；后段很像红茶，它需要一个发酵过程，但又不同于红茶，黑茶在渥堆的湿热过程中，微生物对形成黑茶特殊品质的色、香、味等，起到了决定性的作用。

综合上述内容，我们能够很明显地窥见，湖南黑茶的出现，是在仿制四川乌茶的过程中产生的，且与川茶的销售地域、消费人群是一致的。那么，我们是否可以得出一个结论：晋商越境贩卖的湖茶，一定是外观色泽已经泛着黑褐色的茶。因为边区人们喝到的四川乌茶，是经过了长途跋涉，且经过了长时间的氧化、发酵才到达边区的。而晋商又如何能得到外观呈黑褐色泽的茶呢？那唯一的路线，就是去仿制。高水准的仿制也是创新。过去做茶全部依靠人力，生产率低，产量又大，经过蒸青的茶青，摊凉不

早期的木质揉茶机

及时、揉捻时间长或者干燥不及时，由于湿热发酵作用，茶青很容易发生褐变。当茶农在生产实践中发现，当茶青揉捻结束后，堆闷在筐内来不及烘干的茶青，最容易发生红变、褐变，而且在经烘干后颜色乌黑油润，于是便在茶青揉捻后，对茶坯进行适当的闷堆或者渥堆，黑茶的发酵工艺便自然产生了。

　　制作黑茶，揉捻后的茶青，含水率一般在 65% 左右，适合直接渥堆发酵。安化黑茶至今仍保留着传统的茶坯渥堆工艺。我们再来看一下广西梧州六堡茶，其早期工艺与湖南黑茶的工艺基本近似，都是经过初揉、渥堆发酵、复揉、松柴明火烘干等。但是，在 1958 年左右，梧州茶厂为了提高产量，便对六堡茶的发酵工序进行了改造，开始推行青毛茶的加水沤堆。该工艺创新，是否受到了民国普洱茶发酵技术的影响？目前还无文献可以追溯。但是，按照当时的对照实验组证明：青毛茶加水量在25%～30%，汤色最红浓明亮。自此以后，六堡茶的渥堆发酵工艺，就与湖南黑茶的制法渐行渐远了。那么，为什么湖南黑茶与六堡茶会在制作工艺上，存在着相对密切的联系呢？翻开历史，我们就会发现，最早倡制和经营湖红的是粤商，最早在广西六堡河口设庄收茶的也是粤商。1998年前后，当湖红出口欧洲不畅时，六堡茶与福鼎、政和改红易白的白茶，销往的还是同一个区域，即南洋诸国和港澳地区。为了降低茶叶的制作与运输成本，水路发达、地域异常闭塞的六堡茶区，极有可能会进入粤商的视野，这样，湖南黑茶的制作技术，被粤商带到梧州六堡茶区，不能说没有这个可能。

云南普洱茶的渥堆发酵，其技术来源具有一定的独立性。1939年前后，佛海茶厂厂长范和钧先生，在"佛海茶业"一文，其中就有对紧茶原料发酵的详细描述："丙。潮茶一盘灶须高品、梭边各百五十斤，概须潮水，使其发酵，生香，切柔软便于揉制。""大约每百斤茶，用水六百三十六盎司（约30斤余），茶与水之比例为七七与三三，潮毕，堆积一隅使之发酵，热度高时中心达106度，近边约92度。"1944年，谭方之的记载，与范和钧的调查结论基本吻合：曝晒后的毛茶，"湿以33%的水，堆以屋隅，使其发酵"。这说明云南在民国前后，黑茶的渥堆发酵技术，已经相对比较成熟了。遗憾的是，在 1973 年前后，云南茶叶公司学习普洱茶的发酵技术，要去广东茶叶进出口公司的河南茶厂学习。广东的普洱熟茶发酵技术，来源于香港的发水茶。而香港的发水茶技术，又受到范和钧时代生产的号级发酵紧茶的启示与影响。世上的很多事情，都大概如此，只缘身在此山中。

黑茶在初制过程中，必须经过高温杀青，氧化酶作为一种蛋白质，受热变性后，不存在复原和再生的可能，唯有这样，才能确保毛茶品质不会氧化红变，不会向红茶的转化方向发展。在渥堆的关键工艺中，渥堆毛茶的适宜温度和水分，启动了微生物种群的生长和新陈代谢。微生物代谢所分泌的胞外酶，提供了茶叶发生氧化聚合与降解转化所必需的酶的种类和活性水平，因此，胞外酶为毛茶中儿茶素的氧化、纤维素的分解、果胶质的裂解，及蛋白质的降解等，提供了有效的生化动力，使茶叶的内含物质，发生了极为复杂深刻的化学变化，从而形成黑茶特有的滋味醇和、不苦不涩、汤色橙黄不绿、叶底黄褐不青的黑茶品质。

黑茶制作的基本工艺，大概包括鲜叶萎凋、杀青、揉捻、干燥（毛茶）、渥堆、筛分、陈化、蒸压、干燥等环节。有一点必须强调，在黑茶渥堆及其后续的发酵过程中，其必需的、新的多酚氧化酶组分，来源于微生物分泌的胞外酶，它既不是杀青叶的残余酶，也绝对不是鲜叶酶的复活。搞清楚这个关键点，对正确理解黑茶品质的陈化与转化，大有裨益。

普洱性寒
味最酽

———

　　唐宋时期的团茶，尤其是在宋代熙宁年间用于茶马互易的团茶，"皆以粗茶"。为了运输的方便，多采用竹篾包装，并经春压紧实，箬裹囊封后的蒸青团茶，在长期的运输和储存过程中，其含水率基本会在10%以上。经自然氧化、湿热发酵等交互作用，无意间便诞生了四川乌茶。随着乌茶的传播，以及边疆地区对自然发酵茶的良好反馈，深刻影响了黑茶类的发展，乃至普洱茶的自然形成。

　　普茶一词，首次出现在明代万历四十八年（1620）谢肇淛的《滇略》中："士庶所用，皆普茶也，蒸而成团。瀹作草气，差胜饮水耳。"从明末谢肇淛的记载中可以看出，普茶虽已是蒸压成团的紧茶，但制作工艺粗糙，青气重，茶并不好喝。此"普茶"是否是普洱茶？似乎难以定论。明末方以智的《物理小识》写道："普雨茶，蒸之成团，狗西番市之，最能化物，与六安同。"到了清康熙五十三年（1714），元江知府章履成编纂的《元江府志》记载："普洱茶，出普洱山，性温味香，异于他产。"此处的普洱茶，即是指茶名，又是指地理名称。然后《元江府志》又说："元山在城西南九百里普洱界，俱产普茶。"此处的"普茶"，的确是普洱茶无疑了。结合《元江府志》的"普茶"，我们把谢肇淛的"普茶"理解为普洱茶，似乎也不能算错。而方以智记载的卖到西番去的"普雨茶"，基本可以确定就是普洱茶。出身名门世族的方以智，可能因为少数民族方言的缘故，便把普

洱的读音记为"普雨"了。乾隆年间，赵学敏在《本草纲目拾遗》引用方以智的该段文献时，对此作了注解："普雨，即普洱也。"

民国初，柴萼的《梵天庐丛录》写到普洱茶时，可谓妙语连珠，他说："普洱茶产于云南普洱山，性温味厚，坝夷所种，蒸制以竹，箬成团裹。产易武、倚邦者尤佳，价等兼金。品茶者谓：普洱之比龙井，犹少陵之比渊明，识者趣之。"柴萼对普洱茶的认知，可能受到了《元江府志》的影响，也可能是喝到了与医学大家赵学敏不同制法的普洱茶。赵学敏在《本草纲目拾遗》中写道：普洱茶，"味苦性刻，解油腻牛羊毒，虚人禁用。苦涩，逐痰下气，刮肠通泻。"清代咸丰年间，王士雄在《随息居饮食谱》认为："普洱产者，味重力竣，善吐风痰，消肉食，凡暑秽痧气腹痛，霍乱痢疾等症初起，饮之辄愈。"赵学敏、王士雄二人都是清代著名的医学大家，为什么一直认为普洱茶味苦性寒，而民国初年的文人柴萼认为普洱茶性温呢？要想解决这个疑问，就有必要认真梳理一下民国前后的普洱茶的发展史。

清代道光年间，阮福的《普洱茶记》记载："又云茶产六山，气味随土性而异，生于赤土或土中杂石者最佳，消食散寒解毒。于二月间采蕊极细而白，谓之毛尖，以作贡。贡后方许民间贩卖。采而蒸之，揉为团饼；其叶之少放而尤嫩者，名芽茶；采于三四月者，名小满茶；采于六七月者，名谷花茶；大而圆者，名紧团茶；小而圆者，名女儿茶，女儿茶为妇女所采，于雨前得之，即四两重团茶也；其入商贩之手，而外细内粗者，名改造茶。"文中描述的作为贡茶的毛尖、芽茶，仍是高等级绿茶，这个无可争议。此处，我们需要注意，六大茶山所产的普洱茶，在完成了进贡任务之后，细茶所余不多，但是，允许在民间贩卖的，却是改造茶。

究竟什么"改造茶"呢？搞清楚这个问题，对于正确理解早期民间普洱茶的制作工艺，却是至关重要的。阮福说"外细内粗者"，就是改造茶。也就是说，在清代道光前后，允许民间运销、饮用的紧压茶，其本来面目，就是外细内粗的"改造茶"。那么，这个"改造茶"，究竟是改造了哪些东西呢？清宣统二年（1910），倚邦的土司曹清明在上书思茅行政长官黎肇元的文书中，写得非常清楚。他说："思茅茶有粗细之分，揉造有搭配之法，如每年二三月间，初发芽茶，茶色俱佳，名曰春茶，又曰尖芽。夏季续发者，色味稍次，仍为细茶，名曰梭边。后此所产，名曰二水，又名泡黄，质粗味薄，俱为粗茶。而递年所出尖（毛尖）、梭（梭边）二种，不过居十之一二，粗茶占十之八九，除采选贡茶外，所余细茶已数无多。各商号贩运出境，向以粗茶为心，尖梭盖面，揉造成圆，使易行销，故散茶有出关之禁。"曹清明对此讲得非常明白，所谓"改造茶"，即是在把粗茶压饼时，茶表面要用较嫩的茶箐，撒面装饰一下，使饼面看起来更加漂亮顺眼。民国时期，范和钧先生在《佛海茶业》一文中，详细记载过佛海紧茶的用料配比："底茶，粗梗黄叶，质量最劣。以二拨春尾茶及谷花二水中之老叶粗梗充之，须用刀剁成小片，最忌水潮。此项茶占全体原料 40%，居紧茶之最内层。""高品，带黑黄色，夹有小梗黄叶，大半为春尾茶，需潮水发酵后方能揉制，占原料 30%，居底茶之外层。""梭边，用二拨春茶及黑色条子充之，粗梗黄叶，须认真拣出，亦需潮水发酵，质最佳，居茶之最外层，亦占原料的 30%。"

虽然到了民国期间，普洱茶贡随着清朝的灭亡而消失，但是，从民国期间普洱茶的制作，还是能够窥见前朝工艺的影子与传承。曹清明讲的"尖梭盖面"，基本与范和钧讲的"梭边"的外形与功能近似。

对于改造茶的制作方法，1944 年，谭方之先生在《滇茶藏销》中，也留有详尽而宝贵的文字记录。其文如下："初制之法，将鲜叶采回后，支铁锅于场院中，举火至锅微红，每次投茶五六斤于锅中，用竹木棍搅匀和，约十数分钟至二十分钟，叶身皱软，以旧衣或破布袋包之，而置诸箪上搓揉，至液汁流出粘腻成条为止，抖散铺晒一二日，干至七八成即可待估。茶叶揉制前，雇汉夷妇女，将茶中枝梗老叶用手工拣出，粗老茶片经剁碎后，用作底茶，捡好之'高品'、'梭边'，需分别湿以百分之三十三水，堆于屋隅，使其发酵，底茶不能潮水，否则揉成晒干后，内部发黑，不堪食用。上蒸前，秤'底茶'（干）三两，'二介'、'黑

条'（潮）亦各三两，先将底茶入铜甑，其次二介，黑条最上，后加商标，再加黑条少许，送甑于蒸锅孔上，锅内盛水，煮达沸点。约甑十秒钟后，将布袋套甑上，倾茶入袋，揉袋振抖二三下，使底茶滑入中心，细茶包于最外，用力捏紧袋腰，自袋底向上，推揉压成心脏形，经半小时，将袋解下，以揉就之茶团堆积楼上，须经四十日，因气候潮湿，更兼黑条二介已受水湿，茶中发生 Lposc 类之酵素，而行发酵，俗称发汗。"

民国二十二年的《湖南地理志》对发汗一词做了解释，其中记载："制茶之套语，发酵称为发汗。""二介茶"近乎于范和钧所讲的"高品"，是在芒种到大暑期间采摘的夏茶。

从谭方之的记述中，我们能够看到，传统普洱茶的杀青是高温杀青，为了顺利发酵，揉捻也比现在要重很多。其制法与范和钧的记载基本一致。仅仅在揉捻后的晒青干燥上，略有区别。范和钧说："次日即晒之太阳之下。"这说明那时的普洱茶制作，与安化黑茶的堆闷有了相似之处，让茶青经过轻微发酵之后，再去晒干兜卖。

行文至此，我们就会恍然大悟，为什么民国前后的文人们，会认为普洱茶"性温味厚"了？我所见到的早期同庆号的老茶饼里，其内飞上印有 "水味红浓而芬香"，并没有越陈越香的字样。这些不经意的、诸如此类的点滴记述，同时也证明了那些所谓的"改造茶"，在其前期，一定会存在着一个渥堆发酵的过程；

其后期，也存在着一个非常明确的后氧化、发酵过程，故而汤红浓，味醇香，自然就不同于现在的茶性苦寒的普洱生茶了。此处的"性温"，是相对生茶而言的。通过氧化、发酵，茶的汤色变红了，这是多酚类物质发生了氧化所致，生成了茶黄素、茶红素、茶褐素。汤色红是一种暖色，让人有温暖感，其实这是视觉造成的对茶性判断的错觉。黑茶类通过氧化、发酵，生成了更多的茶红素、茶褐素，后期随着这类色素含量的不断增加，相应地减少了茶汤中游离咖啡碱的含量，故茶汤的苦涩度减少了，刺激性降低了，茶性可能会变得相对温和一些，但其本质仍然是寒性的。

普洱茶作为贡茶，是在清代雍正七年、普洱府成立以后的事情。由此可以证实，早已存在于民间交易的普洱茶，是渥堆发酵了的粗茶或改造茶，其性质，不同于作为贡茶的蒸而成团的细茶或嫩蕊等，更不同于今天的普洱生茶。

普洱茶有饼、砖、坨、散之分，七子饼茶的问世，源于云南茶法规定的计量方便之需。但在当时，也存在类似六堡茶、湖南黑茶的筑茶方式。近代，李拂一撰写的《佛海茶业概况》一书中，记载了初制茶在装入竹篮以前，须得湿以少许水分，在竹篮四周，范以箬叶。一人立篮外，逐次加茶，以拳或棒捣压，使其尽之紧密，是为"筑茶"。然后分口堆存，任其发酵，任其蒸发，自行干燥。遵绿茶之法制造的普洱茶叶，其结果，反变为不规则发酵之暗褐色红茶矣。李拂一把这类茶叶统称为散茶，依据散茶品质

的不同，商家再进一步加工为圆茶、砖茶、紧茶等。从李拂一的记载可知，从清代到民国，大量以粗茶为主的改造茶，基本上都存在着湿热条件下的渥堆和后发酵现象。

关于潮水渥堆的制茶工艺的存在，民国时期，在佛海茶厂的创办者范和钧先生的调查文字中，也可以得到佐证。他说："盖须潮水使其发酵，生香且柔软便于揉制，潮时将捡好茶三四篮（约150斤）铺地板上，成团者揉散之，取水三喷壶匀洒叶上，然后用耙用脚翻转匀拌，又再铺平，洒水搅拌至三次为止。大约每百斤茶用水三十余斤，潮毕则堆积一隅，使其发酵，皮面易被风干，故须时加以水，曰被单水，水量为一壶半。如为细茶，则所需水量较少。"他又说："潮工非熟练不能胜任，水量过多，则茶面易于粘带破烂，且干后收缩，茶身变小不合卖相，过少则揉时伤手，且分量太重，不适包装运输。"

在阮福的《普洱茶记》中，还详细记录了进贡之茶的名色："每年备贡者，五斤重团茶，三斤重团茶，一斤重团茶，四两重团茶，一两五钱重团茶，又瓶装芽茶，蕊茶，匣盛茶膏，共八色，思茅同知领银承办"。从阮福对贡茶的描述可以读出，头春的芽蕊毛尖，有的蒸而成团，有的密封瓶装，共同作为贡品。在这些贡品中，等级最高的芽茶和蕊茶，需要瓶装蜡封，以防茶品受潮变质，这就证明，当时最高级的普洱贡茶，仍是典型的绿茶。

末代皇帝溥仪在回忆录中说："皇宫里，夏喝龙井，冬饮普洱。"这里的"普洱"，是特指云南进贡的未经发酵的、等级较高的细嫩绿茶。团茶在清宫一般煮奶茶用，芽茶、蕊茶等散茶一般配合茶果、花草饮用。康熙年间，查慎行有诗记述过满人饮用普洱茶的场景，其诗曰："猩猩贴地坐铺毡，红点酥油一样鲜。普洱团茶煎百沸，偏提分赐马蹄前。"这一点，与阮福《普洱茶记》的记载："普洱茶名遍天下，味最酽，京师尤重之"，是可以互相解释的。京师皇家尤为重视的，是"味最酽"的、未经发酵的、滋味比较浓烈的普洱生茶。除了贡茶之外，茶山里等级较低的、80% 左右的粗茶或夏秋茶，只有通过潮水或渥堆，任其发酵和陈化后，用于民间贩卖交易。经过发酵的茶，可溶解糖类与果胶含量较高，故才有"味厚"的感觉。

冷观普洱
生与熟

————

纵观普洱茶市场，自2000年以后，从茶山到市场，一浪高过一浪的炒作热潮，其实是一个依靠老茶概念，依赖一个并不严谨的"越陈越香"噱头，推动并热闹起来的。见仁见智，鉴古知今，对于普洱茶的理解，只有真正从源头上、从历史上，把惊鸿一瞥的老茶的传统工艺梳理清楚了，才能真正看明白当今普洱茶雾里看花的孰是孰非。

现代普洱茶的熟茶，以下简称"熟普"，其发酵工艺，最早是在1973年的昆明茶厂试制并发展起来的。该工艺不同于传统古法制作的普洱茶，它是在晒青毛茶的基础上，通过人工调节湿度、温度和氧气量等因素，控制微生物的消长与湿热作用，从而形成的快速发酵茶。在这之前，并没有熟普、生普之说。如：清光绪三十年（1904）《商务报》载称："普洱府属产茶，形叶阔，味浓红，茶中之佳品也。制法焙干之后，作为圆饼或方块及弹丸式，行销附近省份，颇形畅旺，缅甸、安南亦有销场。"经详细考证，1973 年以后云南形成的熟普工艺，与建国前的传统工艺几乎没有多少联系。1955 年，广东茶叶进出口公司开始用云南的晒青毛茶，试制普洱茶的发酵茶。1958 年，六堡茶的冷水渥堆发酵技术，取得了巨大成功。1973 年，云南茶叶公司为满足港澳市场的需求，派勐海茶厂、昆明茶厂、下关茶厂的相关技术人员，前往广东茶叶进出口公司学习熟普的渥堆发酵技术，到 1975 年，云南熟普的发酵技术逐渐成熟，并从此开始大量生产。

　　一款选料和工艺都让人怦然心动的熟普，可遇不可求。市场上的熟普琳琅满目，产量很大，但能够入口的并不是太多。好的熟普，具备净、香、甜、厚、滑、醇六个特征。茶是入口之物，

"净"是判断一款熟普是否合格的最基本的前提条件。

现代普洱茶的生茶，以下简称"生普"。它与普洱茶的熟茶一样，原料也是采用云南大叶种的茶青，经过杀青、揉捻、晒青后形成的毛茶。普洱生茶称谓的出现，大概是20世纪90年代以后的事情了。在此之前，一般称为"青饼""青沱"等。生普的制作技术和路线，与传统的普洱进贡团茶类似，不经发酵，直接蒸而成团，供当下饮用，或以期未来有良好的转化。《普洱茶记》中的"普洱茶名遍天下，味最酽，京师尤重之"，阮福所言的普洱茶，其中的"普洱"，仅仅是指茶的加工与交易地名，而"普洱茶"，则是由车里宣慰司负责供给的蒸青绿茶，还不具备现代普洱茶的内涵。没有经过发酵的大叶种绿茶，因茶多酚与咖啡碱的含量较高，因此，其"味最酽"，便成为了蒸青团茶最主要的品饮特征。其功效，也基本吻合清代乾隆年间张泓《滇南新语》的记载："性又极寒，味近苦，无龙井中和之气矣。"张泓之语很是客观，道出了大叶种与中小叶种茶类滋味的本质区别。

为了更明确地弄清楚生普的未来转化，我们不妨先了解一下熟普的品质形成机理。经过杀青、晒青的云南大叶种毛茶，在渥堆过程中，即使杀青后的残余酶可能会尚存一点，但是，一般也会在渥堆后的24小时内，全部消失或被灭活，这是根据实验室里的可靠数据所得出的确凿结论。取而代之的是，与鲜叶里完全不同的多酚氧化酶在微生物的作用下，得以形成，且具备相当的活性程度。科学测定证实：重建的酶系统及其生物活性，全部源于湿热条件下的微生物代谢所分泌的胞外酶。

茶中多酚类物质的含量，是形成普洱茶品质的最重要的物质。经过渥堆、陈化后的熟普，汤色浓红，苦涩度降低，证实了多酚类物质的大量减少，尤其是酯型儿茶素的大幅降低。在普洱茶的工艺过程中，随着茶黄素和茶红素的氧化、聚合，最后生成了表征着普洱茶汤色红浓的、大量的茶褐素物质。在其后的陈化过程中，由于微生物的作用，大量的可溶性糖、果胶物质及其水解产物，也会不断地增加，改善着茶汤的甜滑与稠厚度。实践证明，普洱茶的总体水浸出物是伴随着时间的增加而递增的，这也是普洱茶越陈越耐泡的主要原因。

既然如此，熟普的渥堆和陈化，与鲜叶中原有的多酚氧化酶并没有多少关系，那么，对于生普的杀青和转化，如果我们再纠结于究竟是高温杀青对，还是低温杀青妥的困惑与争论中，是没有任何意义的。相反，茶青只有在高温条件下，杀青杀透，去除掉低沸点的青草味，纯化或合成出比较成熟的香气，迅速终止氧化酶的活性，去芜存菁，才能对后续晒青毛茶的色、香、味、韵等品质的提高，产生广泛而深刻的作用。

对于晒青的生普，我们不必去过分关注其山头、树龄、海拔、茶区等，市场营造出的很多概念，其实是商业细分的产物。要明白：每个茶区，都有自己上好的茶品。每个茶区的树种、海拔、加工方式和揉捻程度等因素的不同，可能会造成毛茶的香气、滋味、汤色、气韵以及耐泡程度的千差万别。但是，有诸内必形之于外，好茶的品质具有共性，万变不离其宗。多少年后，当那些浮在表面的地域香、工艺香消失以后，我们曾经斤斤计较、花了大价钱的那些山头茶，其内质并没有太大的差别。1939年，李拂一在《佛海茶业概况》里，也发出同样的感慨。他说：易武、倚邦方面的茶商，把佛海一带所产的坝茶，掺杂在易武或倚邦所产的山茶里，压成圆茶销售，其结果是："制者不易辨，恐饮用者亦不能辨别，谁是山茶？谁为坝茶也。"

对于名目繁多的生普，只要能准确把握以下几点，在寻茶问

茶的过程中，就不会与好茶擦肩而过。一款预期良好的生普，干茶芽叶肥壮，多茸毛者为上；汤色杏黄明亮；汤感粘稠细腻，水里含香；瀹泡后，热嗅无青草气，无驳杂气味，气息清纯；叶底，无明显的低温杀青造成的红变叶；香气持久而绵长，杯底花香、熟果香浓郁；茶意清凉，回甘迅速；茶气刚猛而强烈；滋味厚重而醇酽；耐泡度高，尾水甘甜而有凉意，俗称"冰糖甜"。

对于生普的未来，如果不具备微生物滋生与代谢的湿热条件，在缺乏多酚氧化酶的催化作用时，多酚类物质的氧化，是一种直接的脱氢氧化，其氧化产物主要为茶褐素。而在酶促的作用下，茶叶的多酚类物质，先生成主要产物茶黄素和茶红素，其后，二者氧化聚合，形成大量的至关重要的茶褐素。虽然两条转化路线看似最终相同，但是，其陈化速度和中间新物质生成的迥异而造成的陈化结果与茶的品质，必然是有高下之分的。

一款当今的生普，从本质上看，还是晒青绿茶。很多人强调晒青，其实这对茶的品质改观并没有多少意义。云南有很好的太阳条件，对过去缺吃少穿的少数民族来讲，晒青必然是最节能、成本最低的首选干燥方式。民国二十二年（1938）的云南《镇越县志》曾记载：茶之制造，"加工揉细，曝于阳光下，或用火焙干，售于茶商，制为圆茶或方茶"。

从绿茶向以醇厚红浓为基本特征的普洱茶方向转化，中间的鸿沟纵深，尚需在转化中产生质的飞跃。因此，对于生普的选择与存贮还是慎重为好，不可掉以轻心。我经常和茶友们讲，生普就像池塘里的蝌蚪，只有在长期的生命进化中，蝌蚪脱去尾巴，长出腿来，两栖于水陆之间，才能叫做青蛙。蝌蚪和青蛙，虽是一个生命的前后不同阶段，但两者却有着本质的不同。在一弯池塘里，究竟会有多少蝌蚪，能够成功蜕变成青蛙，它与普洱茶的转化之道，有着异曲同工之妙。不是所有的生茶，都会成长为青蛙的。

一款品质好的熟普，值得期待与关注。一片合格的熟普，能够让我们在品饮中，清楚地看到它的未来变化。透过熟普的陈化现象，我们也可以管窥到生普的暮年。在数百年皇家贡茶的世界里，没有留下关于普洱茶"越陈越香"的只言片语，这又是为什么呢？在对传统事物的理解上，我们并不比古人高明多少。很多头采的高等级春茶，在它的色、香、味、韵表现最佳的时刻，均被王公贵族们在当下消费掉了。从茶的生化角度来看，这种选择，无疑是正确的、智慧的。嘉靖四十二年（1563）的《大理府志》记载："点苍茶树，高二丈，性味不减阳羡，藏之年久，味愈胜也。"文献中那时的大理茶叶，是很明确的绿茶。藏之年久的"味愈胜"，指的是大叶种绿茶，随着时间的递增，其苦涩滋味会有所降低，茶汤滋味的协调性、顺滑度会更趋完美，而非越陈越香。

"春来莫向枝头觅，花香易逝色易衰。"高等级的细嫩生普，随着时光的流逝，茶多酚含量会有所降低，其味最酽的特征，会逐渐弱化。使茶叶充溢着鲜香的氨基酸，因氧化与降解，其含量也会急剧下降。鲜叶杀青后，形成的花香、蜜香和鲜爽度，必然也会逐渐减弱。与此同时，陈香可能开始渐次显现。此时所谓的越陈越香，不再是奔放、新鲜、馥郁的花香、蜜香或是果香在增加，取而代之的是一种低沉、内敛的木质香在生成。在木质香与芬芳宜人的花香、果香之间，哪个更加迷人？如何去取舍？我相信每个人的心中自会有答案。

芳华易逝，人生无常，就像我们留不住春天的花香一样，秋冬来了，它自然会红消香断。因此，很多茶更像春花，有花堪折直须折，在它最美的时刻，要及时地去欣赏他、享受它，莫待无花空折枝。

喜欢普洱茶的人，讲起云南古老壮丽的茶山，常常会口若悬河，滔滔不绝。例如：老班章、冰岛、景迈、南糯、昔归、巴达、临沧等，岂不知，在普洱茶名重天下的时候，清政府的贡茶和官茶的采办中心，却是在古六大茶山，它们分别为倚邦、易武（曼撒）、攸乐、革登、莽枝、蛮砖。这六座古老而神奇的茶山，风味不一，各具风采，它们分别位于澜沧江以东的勐腊和景洪境内。

清代乾隆年间，檀萃在其著作《滇海虞衡志》中，逐一介绍了古六大茶山当时的盛况："普洱茶名重于天下，普洱所产，六茶山一曰攸乐，二曰革登，三曰倚邦，四曰莽芝，五曰蛮庄，六曰曼撒，周八百里，入山作茶者数十万人，茶客收买运于各处……"然而，古老而繁忙的六大茶山，为什么会在突然之间衰败了呢？普洱茶的生产与交易中心，为什么会转移到了勐海地区？首先是战争原因，阻塞了普洱茶的交易通道。其次，是火灾、瘟疫、民族争斗等原因，天灾人祸，毁灭了古六大茶山。至今，在古老的名山大寨里，断壁残垣，破砖碎瓦，以及沧桑石板路上的马蹄印痕，依稀还能看出它们昔日的辉煌。民国时期，普洱茶的生产交易中心转移到勐海，这主要与云南历史上首次允许汉人在勐海经营茶庄有关。勐海的茶叶，过去运往思茅和易武地区，而在 1921 年以后，思茅发生了严重瘟疫，致使十室九空。灾难未消，再生波澜，1937 年，法国人又在越南作祟。直到 1938 年，思茅和易武的茶叶通道再次被战争阻断，此时，古六大茶山的茶叶，只余勐海地区这一条通路，能够把茶叶经打落运送出境，销往西藏地区和缅甸。更雪上加霜的是，1939 年范和均先生来到勐海，建立了佛海茶厂，孔祥熙以财政部的名义下达命令，禁止私人运茶出境。佛海茶厂垄断经营的后果，造成易武、倚邦地区的数十家百年老号，走向了最后的消亡。历史上，普洱茶的交易中心，依次从倚邦转移到易武，最后只能让位于勐海。

安化黑茶
花色多

———

习茶数年的我，对湖南黑茶一直不太关注，也说不上喜欢。首先，因为在之前的市场上，没遇到过令人眼前一亮的黑茶。无论是卖茶的，还是买茶的，都在大谈黑茶减肥、祛油、抗癌等保健功效，却很少有人关注黑茶香气的清幽、滋味的甜醇和愉悦的享受等。其次，尤其鄙视黑茶领域存在的某些令人生厌的营销方式，某些茶已经不再属于茶的范畴了。

2015年，在考察完湖南岳阳的君山银针之后，我由洞庭湖逆古时黑茶的水运路线，走进了偏远的安化茶区。大美安化，钟灵毓秀，不是江南，胜似江南，尤其是黄沙坪、唐家观一带，颇似美丽的凤凰古城。晴川历历，葭苇澄澄，光滑沧桑的石板路，沿江的吊脚楼，鳞次栉比的百年茶号，依稀还能辨出百年古镇那些尘封已久的辉煌。

"茶品喜轻新，安茶独严冷。古光郁深黑，入口殊生梗。"清代名臣陶澍心系故乡，用诗把安化黑茶的独特品质和深沉气韵，

很准确地表达了出来。安化黑茶的历史悠久，最早可以追溯到唐代的渠江薄片和益阳团茶，到了明代洪武年间，即有芽茶入贡。明代万历二十三年（1595），安化黑茶始以官茶之名远销西北。

北倚巍巍雪峰山脉，资水横贯其间的茶乡安化，优良的大、中叶群体种茶树，在云雾之间，山崖水畔，不种自生。安化黑茶，起始于敷溪镇资江北岸的苞芷园，后沿资水向上发展，逐步形成了以江南为最大的黑茶集散地。传统上以"六洞茶"最为著名，六洞之中，又以竹林溪内的条鱼洞为冠。而竹林溪就在鹞子尖的山脚下。以鹞子尖为核心，周围九重湾、五龙山、扇子排所产的茶，也是风味独特、各有千秋。当今的质量与声名，则以高家溪、马家溪为最佳。明清时期，安化邻近地区的桃源、沅陵、新化、益阳等地也产黑茶，但其质量不如安化本地茶，当时把这些茶称为外路茶。安化本地产的茶，称为道地茶。陶澍诗中对此也有表达："宁吃安化草，不吃新化好。宋时有此语，至今犹能道。"安化的道地茶，品质优异于外路茶，自宋代就有历史评价。为保障安化茶的质量和信誉，禁止外路茶运到安化，以次充好，雍正八年，清政府在苞芷园专立茶叶禁碑。禁碑至今犹存，由此可见，古人事茶的认真程度，令我辈汗颜。

山路陡峭且泥泞不堪，乘车艰难穿行在沟壑纵深的高马二溪，在几片高山老丛茶园，我观察到的茶树品种，多以大、中叶群体种为主。中国黑茶理论之父、湖南紧压茶的创始人彭先泽先生，生前很是推崇芙蓉山产茶的味甜质优，可惜产量太少。他把高马二溪的原生茶种，称为"竹叶茶"。针对高马二溪等地所产的高山茶，彭先泽总结道："叶狭面长，宛如柳叶"；"叶片嫩者薄，老者厚，呈乌油色，梗黄，水色枣红"；又有"本年采制者，水常浊而味涩苦，贮囤一年以上者，味甘而水清"。绝知此事要躬行。如果只静坐书斋，不能遍访茶山，无缘广品诸山之茶，便很难体会出彭先生此论的精当。

最早在安化设厂加工黑茶的是山西人，其后陕西等地商人，也相继加入。因"汉茶味甘而薄，湖茶味苦，于酥酪为宜"，湖南黑茶醇和味厚的品质特点，更适合西北民族的饮茶需求，所以，数百年来，湖南黑茶的经营，一直被"近水楼台先得月"的晋、陕商人牢牢控制着。

湖南黑茶，分为紧压茶和散装茶（篓装茶）两类，花色品种丰富，紧压茶包括黑砖茶、花砖茶、茯砖茶、青砖茶等品种；散装茶包括天尖、贡尖、生尖、引茶等。

旧时引茶，有甘引、陕引之分，行销于西北地区。其中的"甘引"，系较粗老的黑毛茶叶，篾篓装每包90公斤，运往陕西泾阳，作为茯砖原料，手工筑成砖茶，每块净重5市斤，称之为泾阳茯砖。茯砖在筑制的湿热作用下，叶层间开始发花，俗称"金

江南德和老号的黑砖茶

花"，现已证实为冠突散囊菌。"金花"在较粗老的六堡茶、千两茶中，经常可见。"金花"的生成和存在，与成品茶的品质高低关联不大。1953 年，湖南白沙溪茶厂首次在原料产地安化、移地筑制茯砖成功。1959 年以后，茯砖主要由益阳茶厂生产。上述成果对于湖南茯砖来讲，是一个可以载入史册的了不起的改变。

"陕引"的茶，茶质较嫩，属于就地加工的品质较高的散茶。清末之后，"陕引"主要分为天尖、贡尖、生尖等。

花卷茶，属于最有特色的紧压茶之一。百两茶，是最早出现的花卷茶，即一卷茶的净重合老秤 100 两，它始创于湖南安化的江南一带。清朝同治年间，晋商的三和公茶号，在百两茶的基础上，选用安化道地的上等原料，委托刘姓氏族，用棕和竹篾压制成花卷，把每支茶的重量增加到 1000 两（16 两的老秤），折合现在的 62.5 市斤。

千两茶，在人工压制完后，需在山中历经长达数年的日晒夜露，因此，它是最符合黑茶的转化规律，也是我最感兴趣的黑茶之一。新中国成立以后的最早一批千两茶，是由白沙溪茶厂生产于 1952 年。1958 年，因千两茶的加工难度较大，运输不方便，而被迫停产，改为机制花砖。花砖茶，虽然保持了原有花卷的品质特征，但是，少了夜露日晒自然加持的花砖，与千两茶相比，其味道自然是不可同日而语的。到了 1983 年，白沙溪茶厂唯恐花卷茶的生产技术失传，便聘回了过去的老技师，历时 4 个月，象

征性地制作了 300 余支千两茶。从 1997 年开始，白沙溪茶厂为
了满足市场之需，正式恢复了传统花卷茶的生产。花卷茶的这段
曲折历史不可磨灭，可作为鉴定老千两茶的历史依据。如今，千
两茶的制作已是遍地开花，家家户户都在加工，堆积于寻常巷陌。
但是，这种泛滥与虚火繁荣，不一定能经得起时间的检验与审视。
从表面来看，在高马二溪，每一家茶农的产品似乎是各具特色，
但茶是用来品的，最终比拼的，还是其毛茶的品种、采摘季节、
山场、内质以及制作工艺的尽善尽美。

　　康熙年间，晋商在湖南临湘北部的羊楼司设庄制茶，开始生

千两茶的压制

产老青砖。湖南老青砖，选用发酵后的老青茶高温蒸压而成，而最粗老者，在羊楼洞压制，统称为"洞茶"。解放后，羊楼洞砖茶厂迁至赵李桥，我们熟悉的湖北大青砖，就生产于此。湖南黑砖的生产历史较晚，抗战爆发后，体积庞大的黑茶运输遇到了困难，彭先泽先生致力于黑茶的研制，于1939年，在原江南德和茶厂，首次利用机械成功压出了湖南的第一片黑砖，在历史上结束和扭转了黑茶产于安化而成砖于泾阳的产制格局。

幸亏及时品到了李雯赠送的1998年的老千两，以及邓俐丽女士馈赠的1994年的老茯砖，品后令我耳目一新，由此摒弃了过去我对湖南黑茶的疑惑和成见，促成了我首次的安化问茶之旅。

高马二溪的老千两，其色如铁，耐泡厚重，清甜甘醇，汤如血珀，莹润如玉。初品，如西北汉子粗犷不羁；细品，却是汤感清凉，细腻粘稠，锦心绣口。道地的千两茶，必须精选安化核心产区的高山云雾茶，其未来才有所期待。老千两，沉淀弥久，茶不挑人，谁泡都会好喝耐品。滋味不苦不涩，泡浓了醇厚，泡淡了清甜，数十泡后再煮，那种特有的黑茶香，一如既往地让人沉醉。老千两特有的沉香、药香，芳气袭人；陈韵、化感，茶气暖人。一盏在手，艳若春华，让人回味不尽，欲罢不能。

往事并不如烟，历史不容忘记。曾经神秘的千两茶，是在1952年由边江的刘应彬、刘雨瑞先生传入白沙溪茶厂的，从此，千两茶的制作技术，才大白于天下，如雨后春笋般在安化

江南德和老号，在深山里日晒夜露的千两茶

普及开来。

千两茶的制作，需将品质上好的道地黑毛茶蒸软，分次装入内衬蓼叶、竹叶、棕丝片的花篾篓中，人工层层踩实压紧，其后，再由6个青壮男子，赤膊杠压成型。成型后的千两茶，形如树杆，古朴苍劲，需要在空气清新的大山深处，至少日晒夜露49天，自然干燥、陈化而成。

每年，我都会特别定制20余条高马二溪无人区的野生千两茶，让它陪我慢慢变老。这些二级尾的野生毛茶，等级较高，全部选用高山核心茶区的头采春茶，在每年的白露之后，精心压制。为了保证茶的品质与陈化速度，我总是千叮咛、万嘱咐山中的老人多加观察与照看，要保证至少晒足露够3个月整。对于千两茶，我始终怀有敬畏，也有自己的朴素理解。一支上好的传统千两茶，除了茶质上佳之外，足够的日晒夜露，使其后发酵过程更加自然、更加充分。与此同时，合于四时的节气与自然能量的影响，同样也不可小觑。白露后，白天干燥，阳光可以把茶晒透，确保紧压茶不会发生霉变。夜晚的露水大，自然的雾露，可以把茶润透，造就湿热条件下适宜的后发酵过程。天地的阳光雨露，让茶在阴阳平衡中自然生发、渐变，臻于化境。一杯茶中，确实蕴含了天人合一的哲理。

湖南黑毛茶的生产工艺，主要包括高温杀青、初揉、渥堆、复揉、七星灶的松柴明火干燥等工序，其中，初制过程中的渥堆发酵及松柴明火干燥，是安化黑茶最具特征性的重要工序。黑毛茶在加工完后，要根据不同的要求，分门别类，制成各种琳琅满目的紧压茶与篓装茶。

湖南黑毛茶的加工工艺与广西六堡茶比较接近，都存在渥堆发酵和松柴明火烘焙工艺。黑茶的味醇不苦，与高温烘焙时对咖啡碱的影响有关。据考证，早期的陕西泾阳筑制茯茶，就有拼配六堡茶的习惯。茯茶的发花，其实质是在一定的湿热条件之下，冠突散囊菌的生长繁殖过程。由此产生的金黄色的闭囊壳，就是我们常说的"金花"。冠突散囊菌属于优势菌种，它的存在，会抑制其它菌落的生长。金花的生成，改变着茶汤的香气与滋味，并形成独特的"菌花香"。

六堡独具
槟榔香

————

　　六堡茶，以茶产于广西梧州的六堡镇而得名。其茶树的原生品种，属于苍梧群体种，灌木类，中小叶种。冬季来临，茶树多花多果，这大概是六堡镇把茶树花蕾、茶果壳等，作为生活茶饮的主要原因。

　　传统的六堡茶，茶青采摘多在一芽两叶至三叶之间。粗枝大叶的老茶婆，是六堡茶的特色品种之一。过去的茶农，常于秋冬之际，采摘茶树的当年老叶或隔年老叶，采用捞水杀青工艺，然后烘干，存放自饮，或作为药用，形成了颇具地方特色的老叶茶类。老茶婆的品质，尤以霜降前后采制的香浓味厚，陈化经年后，叶片粗厚，呈铜褐色，煮饮泡饮，汤色金黄，气息清凉，甘甜醇爽，散发着浓浓的罗汉果的药香，民间常作为降血糖或清热解暑的药用。清末程远道诗云："六堡名茶满山冈，止痢去腻有专长，请君泡碗今宵喝，明日犹留齿颊香。"

　　六堡茶的制作工艺，区别于其他黑茶类，其初制，大致分为

鲜叶摊晾、杀青、初揉、堆闷、复揉、干燥等工序。堆闷，曾是早期制作六堡茶的关键工序之一。毛茶初制完毕后，还需筛分、冷水渥堆、拼配、压制、窖藏陈化等，以强化其红、浓、醇、爽的黑茶特色。

当我们深入到六堡镇的茶寨，便会见到各式各样的六堡茶制法，不一而足，却是各说各有理。很多农家，对六堡茶的认知，还停留在绿茶的初级加工阶段。没有经过渥堆、仓储陈化的六堡茶，至多尚处于传统六堡茶的毛茶阶段。

要追溯六堡茶的技术形成来源，就必须理清六堡茶的最早消费群体是谁？谁来控制销售渠道？为什么会选中六堡乡而非其它？查阅晚清以降的资料我们知道，六堡茶最早的消费群体，是在马来西亚的锡矿矿工。而这些矿工又以广东人、客家人居多，他们对解暑、止渴茶的需求，当然是最廉价而又好喝的，故六堡茶在当时常常被称为是"劳工茶"。如何得到廉价而又量大的茶叶，嗅觉敏锐的粤商，便首先关注到了大山深处的六堡乡。六堡茶通过六堡河流运出，经西江直抵广州而运海外，极大地降低了运输和交易成本。如何把价廉的粗老绿茶做得好喝？湖南安化的"甘引"黑毛茶，已为粤商指明了方向，这也是早期六堡茶与湖南黑茶工艺基本相似的根本原因。

1957年，广西供销社编印的《茶叶采制方法》中，记载过早期六堡茶的制作工艺。其中写道："六堡茶原产于苍梧县六堡乡，炒制比较特别，既不是红茶，也不是青茶，是我省特有的特产。所以就以产地定名叫作六堡茶。主要的特点是杀青、揉捻之后，堆放几点钟进行发酵后，再行干燥。"又有："六堡茶炒过才发酵，发酵时间相当长。"从1957年以前的六堡茶的制作工艺分析，当时它与湖南黑茶的制法并无分别，都包括了杀青、揉捻后湿坯渥堆，松柴烘干等基本工序。虽然在1930年，《广西大学周刊》刊载有关于六堡茶的文字如下："将茶叶采下后，放在沸腾的水中，俟其叶柔软即可，约置5分钟即取出放在箩中，用脚踩压，至茶叶卷缩为度，然后以火焙干，干燥后蒸汽蒸至柔软，乃置于箩内存放待售。"但是，这仅仅说明在当时非常落后的六堡乡，蒸青绿茶仍然在民间存在。此六堡茶，也非今天我们语境里的属于黑茶类的"六堡茶"。而民国三十八年（1949）年的《广西通志稿》记载的六堡茶，基本可以确认是汤色橙红的黑茶类了。其中记载：茶青炒制极软，并经充分揉捻后，"再用微火焙干，转为黑色，即成茶叶。"又有："六堡茶，当收成时，粤省茶商在合口墟设庄收买，再烹炼制成茶饼，甚为精致。然而饮之，味与普洱茶同，年产约五十余万斤。"从这段史料可以看出，建国前夕的毛茶与湖南黑茶一样，都是松柴焙干的黑色。粤商收茶后，要自行"烹炼"，那么，要烹炼到什么程度呢？"味与普洱茶同"。而此时民间的普洱茶，即是范和钧时代的经过发酵的红汤的"改造茶"。这能够充分说明，此时销往"穗、佛、港、澳"的六堡茶饼，是否是在模仿普洱茶？因为茶的出口、消费受众，是基本一致的。但有一点可以肯定，这时细茶撒面精致的六堡饼茶，已经是红汤的后发酵黑茶了。

综合以上文献可以看出，建国以前当地土著茶农制作的六堡茶，并没有统一的标准，有的蒸汽杀青；有的捞水杀青；有的锅炒后直接烘干；有的揉捻后，湿坯堆闷再行烘干，而规模较大的粤籍茶商，则是在统一收购毛茶后，自行渥堆发酵、压饼外销，等等。

20世纪50年代，越南、泰国、马来西亚等地崇尚"发水红汤茶"，开始冲击、蚕食六堡茶制法各异、流派混乱的出口市

场。在香港市场，六堡茶几近绝迹。为了提高六堡茶的品质，尽快恢复和扩大六堡茶的消费市场，六堡茶的制作、发酵工艺，不得不根据不同地域人群的消费习惯，来做工艺上的调整与优化。大约在 1958 年前后，梧州茶厂采用毛茶加水冷发酵渥堆成功。据1959 年编写出版的《茶叶精制工艺和机械》记载："我们认为冷发酵比炊蒸发酵为好，因能使汤色红浓，滋味醇厚，基本上能达到四金钱牌的品质水平，比过去炊蒸两次发酵的品质大大地提高一步。目前我们大生产中已实行采用这一方法进行生产，成品调给广东茶叶出口公司，亦得到好评。"从这段文字我们可以看出，之前梧州茶厂出口的六堡茶，其黑毛茶还要经过两次炊蒸发酵等精制过程，但其汤色仍然不够红浓。等到 1958 年，毛茶加水渥堆发酵成功以后，六堡茶的汤色与湖南黑茶的橙黄汤色，已是判若两茶、悬殊甚大，二者在外观色泽、汤色、工艺上的相似度和关联度，已经渐行渐远，它的滋味与汤色，更接近渥堆发酵的熟普了。行文至此，我们是否可以推测：早期经广州销往南洋的六堡茶的形成，带有粤商及湖南黑茶工艺的痕迹。1958 年以后的六堡茶，则明显受到香港及东南亚"发水红汤茶"的影响。而"发水红汤茶"的技术来源，又是受到民国前后普洱"改造茶"的启蒙。当然，这些推测，还需要大量的文献和证据，去进一步理顺和夯实。

1953 年，梧州茶厂首次采用的防空洞窖藏、晾置陈化技术，以及后续存储的老杉木仓库，均为六堡茶独特的槟榔香气的形成，创造了必要且良好的转化条件。最早梧州茶厂启用闲置的防空洞存茶，是为了解决梅雨季节外界湿度太高，容易造成茶叶受潮、发霉的难题，纯属无心插柳之举。如果再仔细推敲一下，经冷水渥堆发酵后的六堡茶，在必要的凉爽条件下的窖藏晾置，肯定有利于六堡茶的进一步陈化，使其更加醇和滑爽，而不至于发酵过度。而干燥的老杉木仓房的适当存储，具有氧化、散堆的特殊效果。更奇妙的是，凡是在老杉木仓库里存放过的毛茶，不仅气息干净、无堆味、无杂味，而且明显增加了老杉木的木质香，这种低沉内敛的味道，像极了老茶的陈香或参香。

槟榔香，作为六堡茶的典型香气，其形成原理，大概是由茶树的品种、制作工艺、仓储条件等多方面因素促成的。根据我的调查，采用本地群体种的茶青做出的六堡茶，出现槟榔香的概率较高。这就从某一角度印证了老一辈制茶师傅的说法，不是每

一批六堡茶都能出现迷人的槟榔香气。虽然我们不能说、不带槟榔香的六堡茶，不会是上好的六堡茶，但是，槟榔香却是高品质六堡茶所具备的重要特征之一，这也是无可争议的品鉴标准。

槟榔香究竟是一种什么样子的香气？没吃过槟榔的人，肯定很难体会到。我们姑且认为，槟榔香是六堡茶经过陈化后，产生的一种淡淡的甜香与一种类似老杉木的木质香，二者完美融合后，形成的特殊味道。它不是刺激呛人的烟味、霉味或湿仓味道，也不张扬、不生涩，令人愉悦。如果有幸去参观一下梧州茶厂的老杉木茶仓，那么，对老茶味道的理解，以及对槟榔香的疑惑，一定会在瞬间醍醐灌顶。

为什么当地的老茶人，把六堡茶的特色香气定义为槟榔香呢？通过调查认为，这与过去的梧州人喜欢嚼食槟榔有关。从前的六堡农户，每逢喜庆嫁娶，为讨吉利与好彩头，总是少不了槟榔，"宾"与"郎"均指贵客，南方有"亲客来往，非槟榔不为礼"的习俗。苏轼谪贬海南后，曾写下"两颊红潮增妩媚，谁知侬是醉槟榔"的诗句。朱熹也有槟榔诗："药囊知有用，茗碗讵能同。蠲疾收殊效，修真录异功。"总之，槟榔味道，是当地茶人们最熟悉的生活味道，因缘巧合，六堡茶的陈香，正好契合或靠近了这种香型或滋味。或许，这就是槟榔香的真正缘起。

1949 年的《广西通志稿》记载："六堡茶在苍梧，茶叶出产之盛，以多贤乡之六堡及五堡为最，六堡尤为著名，畅销于穗、佛、港、澳等埠。"可见，六堡茶自诞生之日起，就与其他黑茶类一样，全部依靠外销，本地人并不喜欢饮用或者储藏。梧州的资深茶人老居告诉我，在 2003 年以前，梧州本地人很少喝六堡茶，大部分人只喝绿茶、毛尖、铁观音等。

1953 年，梧州茶厂成立于林木葱郁的鸳鸯江畔，结束了之前六堡茶长期存在的家庭作坊式的生产格局。之后，该厂以外销六堡茶、内销桂青茶和花茶为主。20 世纪 70 至 80 年代，受茶叶出口萎缩的影响，梧州茶厂也改产过红碎茶、茉莉花茶、普洱茶、和边销茯茶等。2000 年以后，随着国内普洱茶热的兴起与带动，人们开始重新审视与重视六堡茶，面对突然爆发出的巨大的市场需求，梧州茶厂又重新恢复以生产六堡茶为主。

在 2003 年之前，90% 的六堡茶出口，是用大竹筐盛装的，主要销往港澳地区、东南亚、日本、欧洲等地。六堡茶在香港市场上，统称为陈茶。梧州出入境检疫局的吴平先生，自大学毕业之后，就一直负责梧州茶叶的出口与检疫工作。在梧州，吴先生告诉我说："由于出口的六堡茶，长期以来都没有独立的 H.S. 编码。在出口报检报关时，一般采用较为接近的普洱茶的 H.S. 编码（0902402000），或红茶的 H.S. 编码（090230900、090240900）。"很诡异的是，国内兴起的普洱茶热，竟然推动了六堡茶出口量的剧增。2005 年，六堡茶的出口量，竟不可思议地达到 1250 吨，接近 2004 年六堡茶出口总量的 3 倍。关联在其中的奥秘，恐怕只有做局港仓普洱茶的茶商，其内心最清楚。从2007年开始，国内的六堡茶价格，已经远高于出口价格。此后，六堡茶的出口量又开始锐减。2008年5月13日，原国家质量监督检验检疫总局发布了《关于批准对普洱茶实施地理标志产品保护的公告》，这就意味着从此刻起，云南以外企业生产的发酵黑茶类，就不能再随意称作普洱茶了。也就是从这开始，六堡茶的出口，便不再套用普洱茶的 H.S. 编码。

以上罗列的出口数据，为我们明辨是非，提供了一些蛛丝马迹的参考信息。2008年之前出口的六堡茶，是套用普洱茶的名称和代码出口的，这些茶又主要流通到港澳、马来西亚等地，这就无形中又加重了六堡茶和普洱老茶的混乱不堪。在这里，我们还要注意到一个事实，很多香港人是根本分不清六堡茶和普洱茶的概念与区别的，他们一概把这种"发水红汤茶"称之为陈茶。梧州茶厂的退休老厂长郭维森，在考察完香港的六堡茶市场后证实说："一些香港人，习惯上把六堡茶叫做普洱或陈茶。"

据史料考证，当时六堡镇的老茶号，及后来的梧州茶厂，分别在不同的时期，根据市场需要，均生产过普洱茶饼、普洱茶袋泡茶、茯砖、竹篮六安茶（祁门安茶）和花卷茶（类似湖南安化千两茶），等等。早期生产过的这些茶品，几乎囊括了所有的黑茶类别。《六堡志》也记载："针对市场的不同，粤商邓成文经营的文记，当时制作的有六堡茶，六安篮茶，更有

用六堡茶青做成的普洱茶。"许多爱茶的香港朋友，也私下透露过：很多回流内地的那些号称港仓的普洱老熟茶，本质上就是过去出口的六堡茶。

改革开放以后，我算是接触老茶比较早的一批茶人，在仔细品过来源可靠、年份确切的六堡茶之后，再去回想、比照在市场上见过的与喝过的很多普洱老熟茶，竟有似曾相识之感。老的六堡茶，多选用中、小叶种的茶青制作，与普洱茶的老熟茶相比，外形上可能有点差别，其条索不够粗大或肥壮，但有的根本就没有差别。因为梧州本地的茶园，也有大、中叶种茶树的培植。另外，早期的梧州六堡茶厂，也从云南保山等地调拨过大叶种的毛茶原料。若能细心体会，感觉老六堡茶的茶汤，要比普洱茶更滑爽一些，香气以槟榔香或西洋参香为主。而普洱茶的茶汤，要比六堡茶浑厚一些，黏度稍高一点，耐泡度也要高一些，其香气偏焦糖香或是糯米香。

其实，各类老茶的陈化，均是殊途同归，都是茶中的内含物质趋于共性的腐熟变化。即使因氧化、发酵产生了一些其他茶类所没有的新的物质，也不过是原有内含物质的氧化产物而已。最后，所有的茶，都会变得汤红、醇和、细滑、稠厚、甘甜、耐泡；产生具有共性的参香、药香、沉香、木质香等，喝起来清凉舒爽，胃肠温暖，有饱腹感等。

芦溪安茶
陈作药

————

安徽祁门物华天宝，属于古徽州的一府六县之一。它不仅是景德镇高品位瓷土的供应地，而且有屯绿中最著名的凫绿、红茶中最香的祁门红茶，还有一度曾销声匿迹、少为人知的安茶。

祁门安茶，原产于祁门县的芦溪乡一带。它的起源和消失，与祁红的创始人余干臣的后半生一样神秘，没有留下任何的文字记载，竟然谜一样地消失了。

我在做过充分的安茶调查，查阅过大量的有关史料以后，走进芦溪，才猛然醒悟，要想真正看穿安茶的真面目，一定要如实地把它还原到产生它的那个时代中去，有必要把它与同时期的同类茶作一细心比对，如此，便会"山重水复疑无路，柳暗花明又一村"。

要想明白安茶是怎样起源的？首先，必须探讨清楚，它是怎样消失的。

关于安茶的凋敝消亡，茶界共同认可的准确时间，应是在1940 年之前。如果把祁门安茶和梧州六堡茶做一对比，便会惊奇地发现，安茶的销运路线艰难而漫长，其运输行程，大约要历时3～4 个月。安茶在祁门的芦溪制作，由阊河运至饶州，出鄱阳湖后，入赣江而达赣州。更换小船后，逆水在大庾（南安）登陆，穿越大庾岭（梅岭），入粤界南雄，而至广州、佛山一带销售。

从安茶的销运过程可以看出，祁门人只是完成了茶的制作，然后运输到广州、佛山等地。这点与六堡茶的销售类似，原产地的茶农，根据收购要求做完茶后，只是批发给了广东茶商，并没有解决成品茶的零售问题。而粤商收购大量的安茶之后，要经过

存放陈化，又转手把一部分茶零售到两广地区，但大部分的安茶，还是销售到了港澳和东南亚地区的侨民手里。

1937 年，日本全面侵华战争爆发以后，战火纷飞，安茶的运输路线变得更加艰难，茶运之路充满着更大的凶险，这就意味着安茶的运输成本，必然会成倍地提高了。而此时的安茶，又同时面临着与六堡茶的同质化竞争问题。更令安茶雪上加霜的是，当安茶的批发价格，不能提高到可以抵消巨大的运输成本与生命风险赔付的时候，远在祁门的安茶生产商，只能被迫停产，这是最合乎情理、逻辑的推断。此起彼伏，在安茶衰亡的同期，也就是 1935 年，我们还能查到一组重要的数据：梧州六堡茶的销量，就在这一年创了历史新高，达到了 80 万斤的天量。这个突然爆发出的产量，能否可以解释为：当安茶停产以后，所形成的产量缺口，是否是由相类似的六堡茶来弥补的？这个论断，显然是成立的。何况在安茶的身边，品质优异、馥郁高香的祁门红茶已经兴起，在红肥绿瘦的产业窘境中，当地的很多茶号纷纷开始由绿改红，这也是符合历史的客观经济规律的。

通过安茶的消亡分析，我们可以清楚地看到：安茶和六堡茶的收购，都是受粤商控制的，并且销售路线与消费群体，也是高度重合的。粤商在完成了茶的仓储、陈化、拼配、甚至是再包装以后，最后销售到了相同的地域，即广东、港澳和东南亚地区。安茶的突然消亡，消亡得很绝情、很彻底，这也从侧面证明了，在当时的祁门，安茶是全部外销的。产茶之地的祁门人，并不习惯品饮安茶。假如在祁门或周边地区，存在着安茶的稳定消费群体，那么，一定会有一两家安茶的老字号，能够苟延残喘地活下来。然而，残酷的历史现状，也同时证明了这一结论的可靠。

明清俗话说："无徽不成镇。"早在东晋时期，徽人就已远赴异乡，其后，在盐、茶、木、典四业中，叱咤风云。尤其是明清时期，茶叶贸易已经成为徽商经营的巨业。从上文的历史事实可以推测，安茶的起源，应该是模仿了六堡茶的制作工艺。当时，在广东经商的安徽茶人，从六堡茶的制作和经营中，管窥到了巨大的商机，他们联想到自己的家乡芦溪，有着与六堡镇相似的地理结构，都具备群山连绵、两河汇聚这样适宜茶树生长的良好条件，并且芦溪特有的槠叶种洲茶，叶厚味浓，枝粗叶大，价格低廉，尤其在春尾以后，茶梗依然持嫩、柔软，非常适合陈化。正是兼具了这些得天独厚的制茶条件，勤劳精明的徽州人，从粤商手里拿到订单之后，便开始模仿六堡茶、生产安茶了。

令人更为吃惊的是，根据《六堡志》记载："六堡镇的文记茶号，曾根据市场需求，生产过六安篮茶和普洱茶。"由于年代久远，资料匮乏，我目前无力再去做进一步的考证。如果能够证明：作为六堡茶中五大茶号之一的文记，第一个生产了六安茶，那么，祁门安茶仿制六堡茶的历史疑问，便会立即迎刃而解。如果暂时还没有确凿的证据，去证明这一点，也至少说明广西梧州

的六堡茶商，在历史上是生产过一定数量的祁门安茶的。并且二者之间的工艺、技术、包装、成品茶的外观、滋味等，都具备了一定的相似性。

六堡茶的初制情况，也是如此，茶农只是完成了毛茶的制作，在六堡茶的后期制作中，关键的渥堆、拼配、陈化、仓储等环节，基本是由不同的茶号自主完成的。因此，当时的六堡茶生产，并没有一个统一的产品标准。在祁红问世之前，以生产绿茶为主的祁门，是无法接受发酵茶的，之前，也不可能具备生产发酵茶的技术和条件。拿到了产品订单的芦溪人，为了做出汤色黄红的发酵茶，便开始了自己的模仿和探索。他们在春尾完成了毛茶的杀青、揉捻和干燥之后，到了白露节气，便把青毛茶堆积在室外，采取夜露的方法，以提高茶叶的含水率。为了使茶叶发生氧化红变，在白天，他们又把茶叶薄摊晒干。茶农们在反复的堆放、薄摊过程中，无意识完成了茶叶的堆闷过程。当堆温升高后，他们就会去翻堆降温，如此反复的夜露日晒，通过湿热作用，破坏了茶叶中的叶绿素，待茶坯变软，色泽呈黄褐色，便进入干燥环节。在包装上，也仿制了六堡茶的竹篓装。毛茶在装篓前，也像六堡茶一样，用木甑蒸软，压入箩筐，然后晾置、陈化一个冬天。在第二年的春季，趁着山溪涨水，依靠竹排把茶运出祁门。因为安茶的运输路线漫长，需要多环节的船载、车运和人扛，所以，过去安茶的小竹篓，每篓重 3 斤，每大篓装 20 小篓，总重 60 斤。其重量，便于装卸，明显小于六堡茶 100 斤的大筐装。

按照以上工艺做出的安茶，茶的汤色加深了，滋味浓厚醇和，苦涩味降低，其产品外观和质量，自然能够满足粤商的要求。当然，在那个时代，六堡茶和安茶的主要消费群体，还是中下层的劳苦人民，基本用于解渴祛暑之用。消费者对于这类价廉耐泡的粗茶，也不可能提出更高的要求和标准。

不仅如此，茶在渥堆的湿热条件下，产生了大量的微生物群，在微生物的作用下，茶汤由苦涩逐渐开始向醇滑甜厚转变，并有独特的槟榔香产生。独特的槟榔香，后来成为品质优异的安茶的审评标准之一。1988 年，安徽省名优茶评审委员会对安茶的鉴评标准为："色黑褐尚润，香气高长，有槟榔香。"2015 年 11 月，在安茶传承人汪镇响先生的办公室，我见到一个他珍藏的早年老安茶的竹篓，竹篾已经红变，体积明显大于现在安茶的茶篓。竹篓内的茶叶，虽然已经喝完，但是细嗅一下，在竹篓里残余的茶屑与遗留的老箬叶上，还存留着淡淡的近似槟榔的香气。

在 1949 年之前，还没有六大茶类的分类标准，因此，当地人习惯性地把安茶称为绿茶，这是可以理解的。当我们明白了安茶的制作原理，及其需要陈化的后发酵事实之后，把祁门安茶归为黑茶类，应该是顺理成章的。

六安和祁门虽然同属安徽，但在交通不甚发达的古徽州，山路弯弯，感觉还是相距甚远。因此，祁门产的安茶与六安茶，根本就是两个产地不同、品质殊异的茶类，二者风马牛不相及。但是，祁门安茶为什么又刻意称自身为六安茶呢？个人认为，是因为当时的六安贡茶名气太大了。茶商们售茶，喜欢讲讲故事，攀龙附凤，沾点名气，也在常理之中，古今亦然。六安茶，从唐代到清代，名扬天下，妇孺皆知，清初又贵为贡茶，是个不可多得的金字招牌。

明代屠隆《考槃余事》记载：六安茶"品亦精，入药最效"。农学家徐光启在《农政全书》写道："六安州之片茶，为茶之极品。"嘉庆九年，《六安州志》云："天下产茶州县数十，惟六安茶为宫廷常进之品。"清代李光庭的《乡言解颐》里，也曾多

次提到过六安茶，"金粉装修门面华，徽商竞货六安茶"，"古
甃泉逾双井水，小楼酒带六安茶"，鉴于此，身在祁门的茶商，
为了提高安茶的身价，便撒了一个弥天大谎，鼓吹他们所制的安
茶，来自著名的六安贡茶之乡，并故意把安茶和六安茶搅和在一
起，鱼目混珠。因为当地人不喝安茶，也不会在意茶票上究竟印
了什么。

当时的安茶，价格低廉，购买和消费安茶的人，大部分为流
落南洋打工的下层劳苦华侨，他们不会去深究茶的产地，究竟是
在何方，只要名气足够大就足矣。我们现在能看到的安茶大号，
如：孙义顺、胡矩春、汪厚丰等，茶票上均明确标注了"六安采
办雨前上上细嫩真春芽蕊"，"惟我六安茶独具一种天然特质"，
"在六安拣选雨前上上芽蕊，不惜成本"等强调之语。另外，还
有"六安贡品、六安名茶"等字样，这些诸如此类的虚假夸大宣
传，无非都是在假借六安之名头，多赚几分利润而已。

当我们明白了安茶的出现，是在粤商的收购与安徽茶商的利
益驱动下，共同催生的仿制茶品之后，对安茶在包装和宣传上的
冒充六安茶现象，就会更容易理解。他们普遍假托六安茶，是因
为六安茶与六堡茶，都具备一个共同的"六"字。从读音上和滋
味上，六安茶也更靠近与之相似的六堡茶。

一个冬日的清晨，我与合一园茶业的晓辉、旺鑫，从祁门县
城驱车 40 公里，来到群山深处的芦溪乡。在孙义顺茶厂，就安茶

的有些疑惑问题，采访了对于安茶振兴、功不可没的汪镇响先生。

汪老开明健谈，他说："1918 年以后，黟县古筑乡孙家村的孙启明，带着茶叶和制茶技术来到芦溪，用谷雨以后的成熟茶青，与芦溪人合作生产安茶。孙启明看重的是芦溪有成片的原生楮叶种的洲茶，土地肥沃，不用施肥。"

当我问到"软枝茶"的时候，汪老的回答，印证了我的某些思考。他说："软枝茶，不是一个品种。曾在孙义顺老茶号工作过的汪寿康告诉过我，所谓软枝茶，就是茶农完成鲜叶杀青后，把揉捻过的茶青摊晾在竹席上，晒至半干状态，然后卖给芦溪的茶号。很多茶农或背或挑，翻山越岭，一路上，那些半干柔软的茶青，在太阳下、在皖南湿热的天气里、在布袋里、在人体有温度的肩背上，自然会完成部分的湿热发酵，茶青的枝梗，便会变得更加柔软。当路人问起背的什么茶时，茶农们常常会说：'这是软枝茶'，天长日久，'软枝茶'的称谓，便约定俗成了。也就是说，杀青揉捻后晒至半干的茶青，才是各茶号的收购标准。茶青若太干了，肩挑背扛，容易挤碎茶青；若太湿了，茶青的含水率高低不一，茶号不好定价。类似的收购行规，在其他的红茶产区，也同样存在着。各茶号每天收完茶青之后，便立即在自己的作坊里，集中完成毛茶的干燥，以及后续的日晒夜露、蒸压、包装等关键工序。祁门的秋冬季节，是深山里的枯水期，临近过冬才能制作完毕的安茶，要堆在山里，自然陈化半年。等春天来临，小溪里涨满春水时，安茶始可借着水流，用竹排或船只运出芦溪和祁门。"

从汪老的谈话中，我们能够进一步印证，安茶的制作技术，确实是从外地传过来的，这也基本符合上文我对安茶起源的考证。孙义顺老茶号的创始人，应该详细考察过芦溪的茶园与六堡镇的相似性。可见在当时，孙启明不只是引进了茶的制作技术，也同时带来了六堡茶的成品茶、或竹制包装，以供参照、借鉴。因此，传统的老安茶，从出生开始，身上总有抹不掉的六堡茶的历史印痕。

在孙义顺茶厂，我看到了一份珍贵的手稿资料，它是解放前，负责运送最后一批安茶的程世瑞的口述笔记。程世瑞先生是早期经手过成批量安茶的最后证人。他笔记中写道："安茶，是一种半发酵的红青茶"，陈化了八年的王德春号安茶，"呈青黑色，没有发霉变质，尚有清香味"。

当程先生把茶运送到广东佛山的兴业茶行，用开水冲泡这款茶的时候，程世瑞口述说："味稍苦涩，茶汁乌红色，叶底呈青色，另具一种茶香味，不同于祁门的红茶和绿茶，与六安茶的差别更大。"程先生的这段话，是在安茶消失之前，前人留下的极珍贵的且是唯一的关于安茶的文字记录。从程先生的口述中，我们可以读出，这批陈化八年的安茶，茶汤呈乌红色，而不是橙黄色或橙红色，它是褐红浓醇的典型的黑茶类汤色。这种汤色，是

程世瑞先生的手稿原件之一

只有经过了前期渥堆，在湿热条件下才有可能出现的汤色。

当下工艺制作的安茶，在存放八年后，是不可能出现乌红汤色的，这又说明了什么呢？叶底呈青色，这里的"青"，应该是深绿偏黑，说明这批茶的活性很足。一款良好的陈茶叶底，随着冲泡次数的增多，其色泽会黑中泛青，慢慢变得新鲜而明润，而非做旧茶的碳化与胶着不散。程世瑞描述的安茶，既不同于绿茶，也不同于红茶，另具的一种特殊茶香，应该是渥堆与后发酵产生的醇和陈香。如果当年的老安茶工艺与现在的安茶工艺近似，那么，陈化八年后的安茶，其滋味与汤色是不会醇厚乌红的。

综合上述这些珍贵的资料，基本可以证明，现在的安茶制作工艺，与 1940 年之前是不尽相同的。在老安茶的核心工艺断代以后，现在的大部分安茶厂家，尚停留在相互模仿阶段，还没有真正把握安茶的传统工艺。

在芦溪，我参观过几个安茶生产厂，也品过数款不同类型、不同年份的安茶，说实在话，我找不到黑茶类所具备的醇、厚、甘、滑、红、浓的特点。大部分的安茶，仍偏苦涩，青味重，还保留着绿茶的火香，以及陈年绿茶的绿豆汤味道。个别的茶，会有淡淡的箬叶香和竹青味，这与安茶的箬叶竹篓包装有关，并不是安茶陈化后的真正的醇厚滋味。

现在的安茶工艺，基本选择谷雨至立夏前后的茶青，经杀青、干燥后做成毛茶。等白露过后，白天在竹甑中，把毛茶烘干，等晚上把干燥后的毛茶摊匀到竹席上，承接秋夜的露水。露过一夜的毛茶，次日便在太阳下晾晒一天，然后蒸软，压入衬有新鲜箬叶的竹篓中，其后烘干和陈化。

安茶在历史上素有"圣茶"之名，茶性温凉，清热祛湿，可作药用。因此，安茶在今天的复兴和传承，显得尤为必要。作为一个爱茶之人，我希望更多的祁门人，能从旧时安茶兴盛的大背景里，结合黑茶的制茶原理，去追寻和探索安茶最初的制作技术。果真如斯，安茶的未来不可限量。

藏茶又分
南与西

————

　　藏茶，是四川黑茶的现代称谓。四川黑茶，因运往消费区域的路线不同，又分为南路边茶和西路边茶。南路边茶，以雅安为制造中心，邛崃、天全也有生产，然后，经雅安、天全、康定，销往甘孜、西藏、甘南和尼泊尔等地，其主要产品为康砖和金尖等。西路边茶，以都江堰、汶川为生产中心，其产品为茯砖和方包，主要销往四川阿坝和青海玉树等藏区。因都江堰和汶川是成都的西大门，故称为西路边茶。

　　茶，起于汉，始于晋，兴于唐，而盛于宋。唐代，是中国茶叶发展很重要的一个节点。茶叶的制作，从早期的"伐而掇之"，采茶做饼，原料由粗渐细，至宋代，蒸芽做饼，原料等级达到极致。宋徽宗在《大观茶论》中说："近岁以来，采择之精，制作之工，品第之盛，烹点之妙，莫不盛造其极。"同时，唐代的政治经济中心长安，随着朝代的变迁更迭，地位逐渐衰弱。新的政治经济文化中心，开始向宋代的开封、洛阳、杭州转换。茶叶的

四川雅安的茶园

制作交易中心，也逐渐从临近长安的四川，开始向江南地区与武夷山区转移。

　　到了南宋，长江以南的茶叶，名茶辈出，星光灿烂，其品质好过四川的，已是不胜枚举。于是，出现了"重建茶，轻蜀茶"的局面。之后，蜀茶的生产，除了部分满足贡茶需求以外，其他的粗茶，主要为满足茶马交易之需用，边销茶由此而生。《宋史·食货志》记载："旧博马皆以粗茶，乾道末，始以细茶遗之。然蜀茶之细者，其品视南方已下，惟广汉之赵坡，合州之水南，峨眉之白芽，雅州之蒙顶，士人亦珍之。然所产甚微，非江、建比也。"

五代时，毛文锡《茶谱》记载："其茶，如蒙顶制茶饼法。其散者，叶大而黄，味颇甘苦，亦片甲、蝉翼之次也。临邛数邑茶，有火前、火后、嫩绿、黄芽号，又有火番饼，每饼重 40 两，入西蕃。"这是四川茶叶最早进入藏区的文献记载。其后，随着藏民对茶叶的依存度越来越高，需求量越来越大，茶叶从商品交

易，互通有无，到了宋代发展为茶马互市，茶叶逐渐成为朝廷的重要财政收入，以及换取战马的重要战备物资。其重要性，如南宋张震所言："四川产茶，内以给公上，外以羁诸戎，国之所资，民持为命。"

宋代熙宁七年（1074），朝廷在四川成都设置都大提举茶马司，专门办理榷茶买马事宜。官办的茶马交易机构，至此正式拉

开序幕。由于四川茶叶的产量，无法满足茶马交易的需求，茶农在无利可图的困境下，只能以更加粗老的茶青为原料，勉强完成官方交办的任务。因此，用于茶马交易的茶叶"皆以粗茶"。王安石曾说："而今官场所出之茶，皆粗老不可食。"

古时运往藏区的粗茶，其干燥大都采取自然晒干的方式。通常，自然晒干茶的含水率，基本在12%左右。茶叶的高含水率，以及包装的简陋，加上运输时间至少在数月以上，期间的日晒雨淋，茶叶即使不经渥堆，也会在湿热的条件下发生自然氧化，逐渐形成近似黑茶的品质特征。因多种因素的作用，色泽变得青黑的边销茶，在历史上又叫"四川乌茶"，称得上是现代黑茶的雏形。后世黑茶的形成，不过是根据藏民的反馈和需求，采用了湿坯渥堆或冷水发酵工艺，缩短了黑茶的形成过程而已。关于这一点，李拂一先生在《佛海茶业概况》里说："藏人自言黄霉之茶最佳。"此处的"黄霉"，应该是粗茶里常见的所谓"金花"。藏人既然喜欢最佳的黄霉茶、发酵茶，那么，市场自然就会想方设法地去满足、去供应。四川茶区用于茶马交易的"边茶"，以及供给内地消费的"腹茶"，就是文献里所称的"粗茶"和"细茶"。

南路边茶的原料，分为"做庄茶"和"毛庄茶"两种。毛庄茶，是指未经渥堆加工的刀割或手捋的粗老原料，又叫"金玉原料茶"。而经过杀青、渥堆的原料，称为"做庄茶"，也叫"金

尖原料茶"。

南路边茶的加工工艺，主要包括杀青、揉捻、渥堆、检梗、初干、复揉、渥堆、检梗、干燥、压制等环节。南路边茶在揉捻时，如果粗老的枝干过多，其揉捻过程，要分两次完成。杀青后，第一次揉捻的目的，是使梗叶分离，筛分去梗后，利于揉捻成条。渥堆，是形成黑茶品质的关键工序。南路边茶，根据原料等级和质量的不同，进行拼配压制，形成毛尖茶、芽细茶、康砖茶、金尖茶、金玉茶和金仓茶六个花色。每天压制的茶砖或茶包，需要堆放四天以上。实际上，南路边茶是通过自然风干的方式达到其干燥要求的。因此，南路边茶的压制，一定要松紧适度。

西路边茶的原料，比南路边茶更为粗老，以刈割 1 ～ 2 年生的枝条为原料，这是一种最粗老的茶叶。其原料的加工，主要分为杀青和干燥两道工序。茶青杀青后，不经揉捻，把茶青在阳光下晒干。当茶青的含水率达到 14% 左右时，将此原料筑压在篾制的方形篾包中，每包重 35 公斤，又称为方包。方包的制作，主要包括称料、炒制、筑包、烧包和晾包等工序。

方包原料的炒制，要使用大铁锅，待锅底烧得暗红时，把茶原料倒入锅中，同时，迅速把用茶梗、茶叶片末及果壳熬制的沸腾茶汁加入其中，并用木杈翻拌炒制，待锅中水蒸气大量产生，茶叶受热变软后，趁热筑包。

筑好的茶包，要移入烧包房内，趁热自然烧包。烧包的过程，即是湿热条件下的渥堆发酵过程，微生物参与其中，促进了黑茶品质的形成。烧包工序完成后，要在通风条件下进行晾包。晾包的过程，既是茶叶的干燥过程，也是茶叶内含物质的转化过程，只是转化的速度随着干燥程度的降低而逐步降低。

不管是南路边茶，还是西路边茶，藏茶的原料成熟度偏高，茶青选料也偏粗老。茶树多为中、小叶群体种，做茶时甚至包括茶花、茶果壳等全株入茶，发酵程度相对较高。因此，藏茶不苦不涩，口感醇和，泡饮较淡，适于煮饮。有年份的藏茶，耐泡度高，多呈枣香和药香，茶汤厚滑温暖，回甘独特。

藏谚云："腥肉之食，非茶不消；青稞之热，非茶不解。"藏民地处高原，饮食热值高，在千百年的独特生活和文化环境中，发现了藏茶具有清油腻、消热毒的功效，所以，才有了"宁可食无肉，不可饮无茶"的习俗。

藏茶选料粗老，纤维素、茶多糖的含量较高，有明显的降血糖、降血脂的功效。粗茶的高膳食纤维含量，能在释放热量较少的前提下（与其他老茶类似），产生温暖的饱腹感，因此，减肥降脂作用较为明显。凡物有利皆有弊。茶叶是一种能够富集氟元素的植物，随着茶叶成熟度的提高，氟的含量也在增加。适量地摄入氟，对于人体健康有着积极的意义。如果摄入过量，可能会造成氟斑病、骨质疏松、动脉硬化等疾病。藏茶的高氟含量，主要由于选料过于粗老所致。在国家规定的茶叶标准中，黑茶的氟含量，一般控制在 300ppm/kg 以下。因此，喝茶虽然利于健康，但要学会正确择茶；学会健康喝茶，使茶为我所用，其意义尤为重要。

花茶篇

花茶利用茶叶具有的超强吸附能力，
在与鲜花拌和、鲜花放香的时候，
最大程度地吸附鲜花
释放出的花香分子，
一吐一吸，水乳交融。

茉莉理气
散郁结

——

　　茉莉花茶，是许多老人记忆里的一抹芬芳，温馨沁人。过去，北方地区的讲究人，清早起床漱口后，先沏上一壶"高末"，喝足了再吃早点，美其名曰"冲龙沟"。这"高末"，就是茉莉花茶的碎末末。很多老北京人，无一例外，是喝着或熏着"高末"的香气长大的。看电影、听京戏，戏里戏外，很多人只要有口饭吃，肯定要弄壶"高末"喝喝，这就是老一辈人在困苦年代里的风雅。

　　花茶，又叫"香片"。根据所用鲜花的不同，可分为玉兰花茶、桂花茶和珠兰花茶等，我们平常所说的花茶，一般是指茉莉花茶。历史上，最早饮花茶的，当属屈原了，他在《离骚》中写道："朝饮木兰之坠露兮，夕餐秋菊之落英。"唐代时，花茶可能已经出现。韩偓的《横塘》诗云："蜀纸麝煤沾笔兴，越瓯犀液发茶香。"此处的"犀液"，即是桂花的芳香物质。或许，这就是引花入茶、花益茶香的源头。

到了宋代，蔡襄《茶录》记载："茶有真香，而入贡者，微以龙脑和膏，欲助其香。"宋代，作为贡品的小龙团茶，需要加入名贵的龙涎香，以增加香气。蔡襄又说，民间多不用，以免香夺茶之真味。但是，"玩芳味，春焙旋熏"，玩味茶时，多了一种滋味，岂不也是妙趣横生的雅事？黄庭坚是引花入茶的坚定支持者，他在《煎茶赋》里写道："不夺茗味，而佐以草食之良。"黄庭坚认为："寒中瘠气，莫甚于茶。"所以喝茶时，应该加些核桃、松子、蘼芜、甘菊等，"既加嗅味，又厚宾客"。他又说："少则美，多则恶，发挥其精神。"这又何乐而不为呢？由此可见，北宋的文人已经把甘菊等花卉拌入茶中饮用。宋金时，蔡松年有词："纤苞暖，酿出梅魂兰魄。照浓碧，茗碗添春花气重。"此时的瑞香花，香浮着文人的茶盏，倍添韵致。南宋时，陈景沂的《全芳备祖》说："茉莉烹茶及薰茶，尤香。"宋代以茉莉薰茶，以花助茗，已很普遍，但其薰茶工艺，尚未见之于文献。

元代，倪云林首创了莲花茶。顾元庆《云林遗事》记载：倪云林所制莲花茶，"就池沼中择取莲花蕊略破者，以手指拨开，入茶满其中，用麻丝扎缚定，经一宿，明早连花摘之，取茶纸包晒。如此三次，锡罐盛扎，以收藏"。莲花茶窨完后，茶的含水率较高，花茶不但不香，而且容易变质。"取茶纸包晒"，这是窨制一款好茶的经验之谈。这一点，清代的沈复并没有搞懂。他在《浮生六记》中，回忆芸娘生前窨制荷花茶时写道："夏月，

荷花初开时，晚含而晓放，芸用小纱囊，撮茶叶少许，置花心，明早取出，烹天泉水泡之，香韵尤绝。"作为公子哥，沈复喝茶在行，也颇有情致，但在芸娘窨茶时，他肯定没有参与其中，或者认为稼穑之事不值得关注，他忽略了芸娘从荷花中、取出茶叶后、纸包烘干这一重要细节。这即是"绝知此事要躬行"的为茶之道。

明代，顾元庆《茶谱》对花茶的制作，作了详尽的记载："木樨、茉莉、玫瑰、蔷薇、兰蕙、橘花、栀子、木香、梅花皆可作茶。诸花开时，摘其半含半放蕊之香气全者，量其茶叶多少，摘花为茶。花多则太香，而脱茶韵；花少则不香，而不尽美。三停茶叶一停花，始称。假如木樨花，须去其枝蒂及尘垢虫蚁。用瓷罐，一层茶，一层花，投入至满。纸箬扎固入锅，重汤煮之，取出待冷。用纸封裹，置火上焙干收用。诸花仿此。"明代的花茶制法，与现在的窨花工艺已经非常接近了。每年，我们都会在茶山幽境仿此制法，用盛开的桂花窨制桂花龙井，用素心蜡梅薰制安吉白茶，美其名曰"白素贞"。以花言志，以茶清心，林泉雅趣，至今思之，历历如画。

明代朱权是真正的花茶玩家，他在《茶谱》中写道："今人以果品为换茶，莫若梅、桂、茉莉三花最佳。可将蓓蕾数枚，投于瓯内罨之。少顷，其花自开。瓯未至唇，香气盈鼻矣。"此是以花代茶的品饮法。他还推出另一种薰香茶法，"百花有香者皆

可。当花盛开时，以纸糊竹笼两隔，上层置茶，下层置花，宜密封固，经宿开换旧花。如此数日，其茶自有香味可爱。有不用花，用龙脑熏者亦可"。如果模仿朱权的薰香茶法，要注意通风干燥，以防茶叶氧化变色，产生闷味。

清代顾禄的《清嘉录》记载："珠兰、茉莉花于薰风欲拂，已毕集于山塘花肆，茶叶铺买，以为配茶之用者。"其实，到了雍正年间，苏州与福州的茉莉花茶，已行销北方市场。北方人喜欢茉莉花茶，与过去北方的水质较差有关。唯有馥郁芬芳的茉莉花茶，可使咸涩的水味瞬间变得美如甘露。其次，茉莉花辛温解郁，理气镇静，非常适合北方的气候与春天饮用。梁实秋是南方人，喜欢喝龙井，但也禁不住香片的诱惑，他独创了一种龙井茶与香片混饮的"玉贵茶"，即在泡茶时，把一半龙井和一半香片，同时入壶，如此泡出的茶，既清苦又浓馥，风味绝佳。汪曾祺曾说："我不大喜欢花茶，但好的花茶例外，比如老舍先生家的花茶。"花茶，一度也密切融入北方人的生活，飘散出北方地域文化的香韵。

花茶利用茶叶具有的超强吸附能力，在与鲜花拌和、鲜花放香的时候，最大程度地吸附鲜花释放出的花香分子，一吐一吸，水乳交融。其后，集茶味与花香于一体，茶引花香，花增茶味，协调平衡，相得益彰。它既保持了浓郁爽口的茶味，又有鲜灵芬芳的花香。一盏香片，花木情深，含英咀华，令人陶醉。

　　花茶的制作工艺，一般包括茶坯拌和、窨花、通花散热、起花和烘干等工序。为了提高香气浓度，需再窨一次的，称为双窨。同理，重复窨制三次的，称为三窨。20 世纪 90 年代以后，茉莉花茶的窨制，大规模地推广了湿坯连窨技术，连续三窨起花后，茶坯含水率高达 22%。湿坯连窨，减少了每窨之后的烘焙过程，提高了茉莉花茶的品质。以此类推，特种茉莉花茶也有六窨一提和七窨一提的，所谓九窨，多为传说。

　　精制以后的六大茶类，原则上都可作为窨花的茶坯，而尤以鲜爽醇和的烘青绿茶最宜。在花茶窨制前，茶坯的含水率最好控制在 10% 左右。若茶坯含水率过低，茶坯的吸香能力也会降低；如含水率过高，在窨制过程中，茶坯还会大幅度地吸收水分，容易导致茶坯松散，影响茶的香气与外观。

　　为了有效提高花茶的香气与浓度，改善茉莉花茶的香型，在窨制茶的拌和之前，通常会使用白兰花打底，即先用白兰花与茶坯拼和，窨制一次，使茶坯吸附白兰花的香气，称为"底香"。白兰花的底香，要拿捏适度，不能因突出了白兰花的香气，而降低了茉莉花的鲜灵和幽香。

　　提花，是茉莉花茶窨制的最后工序，它对花茶鲜灵度的提高，非常必要。提花，是在窨花过程结束的基础上，选用晴天采的少量朵大饱满的优质花，茶花拼和，复窨一次，时间控制在 6 ～ 8 小时内。提花之后，要及时出花。出花后不再复火，茶叶的含水

率要控制在 9% 以下，然后装箱出售。

茉莉花原产于印度，芳苞泫露，冉冉暗香。单瓣的香气馥郁，清高甜香；双瓣的香气浓烈，稍欠清甜。故窨花用双瓣，提花选单瓣。我国关于茉莉花的最早记载，当推汉朝陆贾的《南越行记》，他写道："南越之境，丘谷夭昧，百花不香，此二花（耶悉茗花、茉莉花）特芳香者，缘自胡国移至，不随水土而变。"据宋朝张邦基的《闽广茉莉说》记载："闽广多异花，悉清芬郁烈，而茉莉花为众花之冠。岭外人或云'抹丽'，谓能掩众花也，至暮则尤香。"从上述记载可见，福建茉莉花的栽培，在宋代已经普及。

一款好的茉莉花茶，尤其难得。其茶坯，需要春茶精制后干燥存放。等到夏天，茉莉含苞，午后采花，晚上吐香，始能窨茶。而茉莉花的品质，以入伏以后的"伏花"最佳。因此，优质茉莉花茶的生产周期，一般会在 6 个月左右。传统的茉莉花茶，一般要窨 3 次，耗时 3 天左右。如果是六窨、七窨的顶尖茉莉，要使花香透入茶骨，单算窨茶过程，就需耗时 20 余天，人工成本之高，可想而知。市场上的花茶价格，大都低于普通绿茶，其中奥秘，值得饮茶人慎而思之。

一泡好的茉莉花茶，香气袭人，具有鲜、灵、浓、醇四个特点，不能混杂陈味和闷味。在成品茶里，一般不会见到花朵，即使存在花干，总量应控制在 1% 以下，方为合格。若有少量花瓣残留在茶里，尚属正常。否则，不仅会影响茶叶香气的纯正度，易受潮、走色、变味，而且也会使茶汤产生苦涩杂味。

春天饮茶，尤其是女士饮茶，最宜茉莉花茶。茉莉花茶属于再加工茶，辛温发散，去寒邪，助理郁。林黛玉如是常饮茉莉花茶，就不会有那么严重的春愁与秋悲。不过，写不出凄清悲切的《葬花吟》，也会使林黛玉的艺术形象黯然失色。在健康与才情之间，我们无疑会首选健康。炎炎夏日里，一杯茉莉花茶，益气提神，芳香扑面，不由得令人想起那首关于茉莉的古诗："一卉能熏一室香，炎天犹觉玉肌凉。野人不敢烦天女，自折琼枝置枕旁。"

主要参考书目 ○

1. 朱自振：《中国茶叶历史资料续辑》，东南大学出版社 1991 年版。

2. 刘安、陈静：《淮南子》，国家图书馆出版社 2021 年版。

3. 李昉：《太平御览》，河北教育出版社 1997 年版。

4. 陈祖椝、朱自振：《中国茶叶历史资料选辑》，农业出版社 1981 年版。

5. 朱长文：《吴郡图经续记》，凤凰出版社 1999 年版。

6. 范致明：《岳阳风土记》，中华书局 1991 年版。

7. 孟诜：《食疗本草译注》，江苏凤凰科技出版社 2017 年版。

8. 陈继儒：《小窗幽记》，文化艺术出版社 2015 年版。

9. 贾思勰：《齐民要术》，中国书店出版社 2018 年版。

10. 商务部茶叶局编：《茶叶精制工艺和机械》，轻工业出版社 1959 年版。

11. 彭先泽：《安化黑茶》，线装书局 2018 年版。

12. 谭方之：《滇茶藏销》，载自《边政公论》第 11 期 1944 年版。

13. 李拂一：《佛海茶业概况》，1938 年版。出版社未详。

14. 广西壮族自治区地方志编纂委员会：《广西通志·供销合作社志》，广西人民出版社 1996 年版。

15. 胡平生：《礼记》，中华书局 2017 年版。

16. 爱新觉罗·弘历：《乾隆御制诗文全集》，中国人民大学出版社 2013 年版。

17. 钱仲联等：《元明清词鉴赏辞典》，上海辞书出版社 2016 年版。

18. 钱仲联等：《元明清诗鉴赏辞典》，上海辞书出版社 2018 年版。

19. 文震亨：《长物志》，中华书局 2017 年版。

20. 柳宗悦：《柳宗悦作品集》，广西师范大学出版社 2018 年版。

21. 俞蛟：《梦厂杂著》，上海古籍出版社 1988 年版。

22. 汤可敬：《说文解字》，中华书局 2018 年版。

23. 潮安县政协文史委员会：《潮安文史》创刊号，1996 年版。

24. 陈浏：《匋雅》，金城出版社 2011 年版。

25. 程大昌：《演繁露校正》，中华书局 2018 年版。

26. 周密：《齐东野语》，齐鲁书社 2007 年版。

27. 许之衡：《饮流斋说瓷》，中华书局 2018 年版。

28. 兰陵笑笑生：《金瓶梅词话》，里仁书局 2020 年版。

29. 吴承恩：《西游记》，四川人民出版社 2017 年版。

30. 王祯：《农书译注》，齐鲁书社 2009 年版。

31. 赵贞信：《封氏闻见记校注》，中华书局 2016 年版。

32. 封演：《封氏闻见记》，辽宁教育出版社 1998 年版。

33. 陆游：《陆游集》，中华书局 1976 年版。

34. 周亮工：《闽小记》，上海古籍出版社 1985 年版。

35. 唐圭璋：《全宋词》，中华书局 1965 年版。

36. 彭定求等：《全唐诗》，中华书局 1960 年版。

37. 徐松：《宋会要集稿》，中华书局 1957 年版。

38. 苏轼：《苏东坡全集》，北京燕山出版社 2009 年版。

39. 苏轼：《苏轼诗集》，中华书局 1992 年版。

40. 徐珂：《清稗类钞》，中华书局 1984 年版。

41. 马端临：《文献通考》，中华书局 1986 年版。

42. 谢肇淛：《五杂俎》，辽宁教育出版社 2001 年版。

43. 臧晋叔：《元曲选》，中华书局 1989 年版。

44. 苑晓春：《茶叶生物化学》，中国农业出版社 2014 年版。

45. 方健：《中国茶书全集校正》，中州古籍出版社 2015 年版。

46. 吴觉农：《中国地方志茶叶历史资料选辑》，农业出版社 1990 年版。

47. 张时彻：《珍本医籍丛刊》，中医古籍出版社 2004 年版。

48. 曹雪芹：《脂砚斋评石头记》，上海三联书店 2011 年版。

49. 佚名：《食物本草》，江苏广陵书社 2015 年版。

50. 聂鈫：《泰山道里记》，杏雨山堂刻本 1773 年版。

51. 袁景澜：《吴郡岁华纪丽》，凤凰出版社 1998 年版。

52. 普济：《五灯会元》，中华书局 1984 年版。

53. 鸠摩罗什：《金刚经》，中州古籍出版社 2009 年版。

54. 陈淏子：《花镜》，农业出版社 1956 年版。

55. 沈复：《浮生六记》，广陵书社 2006 年版。

56. 冒襄：《影梅庵忆语》，内蒙古人民出版社 1997 年版。

57. 陈继儒：《养生肤语》，上海古籍出版社 1990 年版。

58. 高濂：《遵生八笺》，人民卫生出版社 2007 年版。

59. 孟元老、吴自牧：《东京梦华录、梦粱录》，江苏文艺出版社 2019 年版。

60. 黄元吉：《道德经注释》，中华书局 2013 年版。

61. 寇宗奭：《本草衍义》，中国医药科技出版社 2021 年版。

62. 陈景沂：《全芳备祖》，浙江古籍出版社 2014 年版。

63. 王实甫：《西厢记》，长江文艺出版社 2019 年版。

64. 方玉润：《诗经原始》，中华书局 1986 年版。

65. 周亮工：《闽小记》，福建人民出版社 1985 年版。

66. 陈鼓应：《庄子今注今译》，中华书局 1983 年版。

67. 黄寿祺：《周易译注》，中华书局 2016 年版。